아직도 안 해봤니?

코딩없는 개발
DevOn NCD

김종윤 · 노승민 · 박상오 · 성정헌 · 오근정 · 임명임 · 장항배 공저

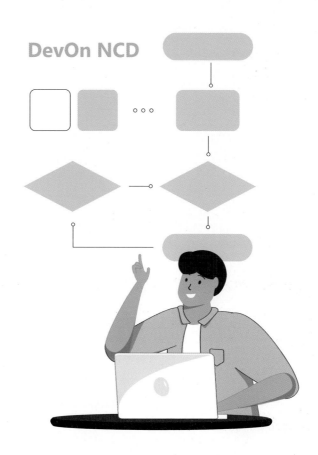

박영사

DevOn NCD No Coding Development

초 연결, 초 지능 기술로 대표되는 4차 산업혁명 흐름 속에서 현실공간과 전자 공간이 점진적으로 융합되어 새로운 혁신 서비스들이 출현하고 있습니다. 이러한 융합 공간으로의 대전환을 가지고 올 수 있는 핵심 도구는 소프트웨어 개발을 매개로 하는 컴퓨팅적인 사고입니다. 컴퓨팅적인 사고는 현재 또는 미래에서 발생할 수 있는 산업·사회 문제들을 창의적으로 해결하기 위하여 데이터와 명령어를 논리적 흐름에 따라 조합함으로써 최적의 방법을 찾아가는 과정을 의미합니다.

우리가 상호소통을 위해 한글, 영어, 중국어, 독일어 등과 같은 언어를 사용하듯이 사람이 컴퓨터와 서로 소통하기 위해서는 프로그래밍 언어(C, C++, JAVA 등)라는 것을 사용하게 됩니다. 그러나 프로그래밍 언어 자체에 대한 학습·이해의 어려움 등으로 인하여 컴퓨터와의 원활한 소통단계에 이르지 못한 채, 소프트웨어에 대한 흥미를 쉽게 잃어버려왔던 것이 지금까지의 모습이었습니다. 본서에서 소개하는 "DevOn NCD(No Coding Development)"는 프로그래밍 언어학습에 대한 걸림돌을 최소화하면서 창의적 문제해결을 가능하게 하는 새로운 소프트웨어 개발환경을 의미합니다. 다시 말하면 별도의 프로그래밍 언어에 대한 사전지식 없이도 문제를 해결해가는 논리적 절차들에 대한 나열만으로도 (순서도) 소프트웨어 개발을 가능하게 합니다. 따라서 소프트웨어 전공이 아닌 자연계 및 인문계 학생 또는 성인들도 컴퓨팅적인 문제해결 과정에 대한 재미와 흥미를 느껴가며 쉽게 소프트웨어 개발을 할 수 있게 되었습니다. ㈜LG CNS와 중앙대학교는 이러한 코딩 없는 소프트웨어 개발환경과 교육과정을 지원하면서, 신 가치 창출을 위한 다양한 서비스의 가시화를 기원하면서 산학 공동협력으로 본서를 출간하게 되었습니다. 세부적으로 "DveOn NCD"에 관한 균형 있는 학습을 위해 이론 부분은 대학에서, 실습 부분은 기업에서 각각 담당하여 통합적인 모습을 이루게 되었습니다.

　소프트웨어가 미래성장을 위한 기본 틀이 되어가는 과정에서 본서의 출간은 융합공간의 일체화를 위한 출발선이 될 것이며, 결승선에서는 이전까지 보지 못한 소프트웨어 기반의 다양한 서비스 출현과 경험을 맞이하게 될 것입니다. 본서가 이러한 소프트웨어 중심의 융합공간을 형성해가는 과정에서 최선의 길잡이가 되어 드리겠습니다.

2022년 2월
집필진 대표 장항배

DevOn NCD No Coding Development

CHAPTER 03 | 소프트웨어의 절차적 표현 방법

DevOn NCD No Coding Development

CHAPTER 04 | 다양한 절차적 표현

01

DevOn NCD 소개

- 프로그래밍과 다양한 프로그래밍 언어에 대해 학습한다.
- 컴퓨팅적 사고를 통한 문제해결 방법을 학습한다.

DevOn NCD
No Coding Development

프로그램의 등장과 다양한 프로그램 언어

4차 산업혁명 시대에 살고 있는 지금은 IT 기술이 생활 전반에 녹아 있다. IT 와 현실 생활이 서로 별개의 것이 아닌, 생활과 업무 전반에서 IT 기술이 녹아 있고 사용자가 인식하지 못하는 상황에서도 IT를 쓰고 있기 때문에, 컴퓨터 프로그램의 중요성이 대두되고 있는 시점이다. 현재의 생활 편의성을 극대화해준 컴퓨터 프로그램, 초기 프로그램의 모습은 어땠을까?

프로그램의 등장과 발전은 컴퓨터 기술의 발달에 따라 점차 변해왔다.

컴퓨터는 많은 양의 데이터를 짧은 시간안에 연산처리 할 수 있는 하나의 큰 계산기이다. 더 많은 데이터를 빠른 시간에 처리하기 위해 컴퓨터의 계산성능을 개선시키는 연구가 지속되었고, 작은 크기로 빠르고 정확한 계산이 가능한 컴퓨터로 발전해왔다.

컴퓨터가 발전하여, 형태와 처리속도, 처리용량이 변화함에 따라 프로그래밍 또한 발전해왔는데, 초기의 프로그램으로는 "천공카드"를 통한 프로그래밍을 말할 수 있다. 1893년 천공카드 시스템이 개발되어 대량의 데이터 취급이 가능해졌다. 천공카드 등장 이전, 데이터의 관리는 사람이 종류마다 모아서 취급, 관리해야 했어야 했는데, 천공카드의 등장으로 데이터의 종합 취급이 가능해진 것이다.

이후 1900년대에는 천공카드를 활용한 기계식 계산이 가능해져, "기계에 의한 데이터 처리"가 가능해진 시점이다. 이후 천공카드를 통한 프로그래밍이 활발히 이루어져 컴퓨터의 사용 영역이 산업 전반으로 확대되었다. 기계식 컴퓨터는 단순 "계산"만 수행하고, 자료의 취급, 처리, 의사결정은 사람이 수행해야 했다. 이때 "프로그램"은 "차트"형태의 문서로 존재했고, 프로그래머는 차트에 따라 프로그램을 실행하며 데이터를 처리하는 방식으로 구동되었다. 기계식 컴퓨터는 전자식 컴퓨터(디지털 컴퓨터)의 등장 이전까지 꾸준히 개발되어 데이터 처리 및 관리의 편의를 도왔다.

범용으로 사용된 전자식 컴퓨터의 초기 모델은 1946년에 개발된 "에니악 (ENIAC)"으로 잘 알려져 있다. 1942년 개발된 ABC 어태너소프 – 베리 컴퓨터가 세계 최초의 컴퓨터로 인정받았으나, 여전히 에니악이 최초의 컴퓨터라고 알려져 있다.

우리에게 중요한 건 전자식 컴퓨터의 등장으로 프로그래밍의 형태가 많이 바뀌었다는 점이다. 전자식 컴퓨터의 등장 이후 개인용 컴퓨터(PC, Personal Computer)가 보급될 수 있도록 기술은 빠르게 발전했고, 컴퓨터가 생활 곳곳에서 사용되기 시작했다. 더불어, GUI(Graphic User Interface)환경이 시작되며 컴퓨터가 더욱 더 대중화되기 시작하고 사용하기 쉽게 변화했다.

컴퓨터 기계와 사람 사이에 커뮤니케이션할 수 있도록 "프로그래밍 언어"가 존재하는데, 사람이 사용할 수 있는 언어로 컴퓨터를 구동할 수 있게끔 도와주는 역할을 한다. 컴퓨터는 0과 1 이진수로 구성되어 있는데, 프로그래밍 언어는 일반적인 사람이 사용할 수 있는 언어 수준에서 이를 기계가 이해할 수 있는 이진수로 바꾸어주는 역할을 하는 것이다.

프로그래밍 언어는 컴퓨터의 형태, 다루는 데이터의 특성에 따라 여러 방향으로 발전되었고, 지금도 새로운 언어들이 계속 만들어지고 있다.

연도	프로그램 언어	연도	프로그램 언어	연도	프로그램 언어	연도	프로그램 언어
1940년대	Assembly	1962년	APL	1978년	SQL	1993년	RUBY
1951년	RAL	1962년	SIMULA	1983년	ADA	1993년	LUA
1952년	AUTOCODE	1964년	BASIC	1983년	C++	1994년	ANSI COMMON LISP
1954년	FORTRAN	1964년	PL/I	1985년	EIFFEL	1995년	JAVA SCRIPT
1955년	FLOW –MATIC	1970년	FORTH	1987년	PERL	1995년	PHP
1957년	COMTRAN	1972년	C	1989년	FL	2000년	C#

연도	프로그램 언어	연도	프로그램 언어	연도	프로그램 언어	연도	프로그램 언어
1958년	LISP	1972년	SMALL TALK	1990년	HASKELL	2008년	JAVAFX SCRIPT
1958년	ALGOL 58	1972년	PROLOG	1991년	PYTHON		
1959년	COBOL	1973년	ML	1991년	JAVA		

▲ 그림 1-1 프로그래밍 언어(출처: 컴퓨터뮤지엄)

　프로그래밍 언어의 종류를 구분하는 것에는 다양한 기준이 있지만, 크게 기계와 더 친숙한 언어(저급언어, Low Level Language)인지, 사람(프로그래머)과 더 친숙한 언어(고급언어, High Level Language)인지 구분할 수 있다.

　저급언어(Low Level Language)는 컴퓨터의 중앙처리장치(CPU)가 업무를 처리하기 적합하게 만든 기계어와 어셈블리 언어를 주로 이야기한다. 저급언어는 컴퓨터의 CPU에 따라 달라지고, 특정한 CPU를 타깃으로 만들어진 언어이다. 기계어에 가까운 수준으로, 사람(프로그래머)가 이해하기 어려운 언어로 되어있다.

　고급언어(High Level Language)는 컴퓨터의 CPU에 의존하지 않고 사람(프로그래머)이 쉽게 이해할 수 있도록 만들어진 언어이다. C언어, C++, JAVA, 포트란(Fortran), 파스칼(Pascal), Python 등이 있으며, 오늘날에는 DevOn NCD, Scratch와 같은 시각적인 프로그래밍 언어로 발전하고 있는 추세이다.

프로그래밍의 이해(컴퓨팅적 사고)

프로그램(Program)은 Pro(앞에, 이전의) + Gram(그리다, 쓰다) 두 단어의 합성어로 예전 음악회의 순서를 관객들에게 보여주기 위한 종이를 의미하는 말로 사용되었다. 오늘날에는 "지시 사항들이 나열된 순서를 부르는 말"의 의미로 일이 진행되는 순서를 이야기할 때 사용된다. 컴퓨터 프로그래밍 이외에 TV 프로그램, 행사 프로그램 등이 이러한 경우로 함께 쓰이는 말이다.

컴퓨터에서 사용되는 프로그램은 컴퓨터에서 특정 문제를 해결하기 위해 처리방법과 순서를 기술하여 컴퓨터에 입력되는 일련의 명령문 집합체라고 할 수 있다. 오늘날에는 컴퓨터를 일할 수 있게 만드는 것을 프로그램, 프로그래밍이라고 하고 이러한 프로그램을 만드는 사람을 프로그래머로 칭하고 있다. 프로그래머는 명령어들을 통해 컴퓨터를 동작 시킬 수 있도록 프로그래밍을 스킬을 학습하지만, 프로그램을 작성하는 스킬보다 중요한 것이 컴퓨팅적 사고를 할 수 있는 것이다.

"컴퓨팅적 사고"란 컴퓨터 과학의 이론, 기술, 도구를 활용하여 현실의 복잡하고 어려운 문제를 해결하는 사고 방식을 의미한다. 단순화하면 컴퓨터와 소프트웨어라는 도구를 활용해 문제를 해결하는 방식이다.

컴퓨터를 통해서 현실세계의 문제를 해결하기 위해서는 다음과 같은 순서로 문제해결을 접근한다.

1. 문제 파악 및 정의: 해결해야 하는 문제가 무엇인지 파악하고, 해결하고자 하는 문제를 명확하게 정의한다. 이때, 모호함이 없이 문제의 범위 및 본질을 정확하게 묘사한다.
2. 문제 해결 전략/방법 도출: 문제 해결에 필요한 지식을 수집하고, 해결하기 위한 효과적인 전략 및 방법을 도출한다.

3. 문제 해결 활동 수행: 도출된 방법에 따라 해결 활동을 수행한다.

4. 결과 검증 및 확인: 정의한 문제가 해결되었는지 점검한다.

이러한 문제 해결 접근 방법을 효과적으로 수행하기 위해 "절차적 지식"을 통한 문제해결 방법을 수행하게 되는데, 컴퓨터 프로그램에서는 이를 "알고리즘"이라 부른다. 알고리즘의 구성요소는 순차문, 조건문, 반복문이 있다. 순차문, 조건문, 반복문을 조합하여 문제해결을 위한 절차적 방법을 설계하는 것이 "알고리즘"을 설계하는 것이다. 프로그래밍 언어를 통해 설계한 알고리즘을 구현하면, 프로그램을 개발하게 되는 것이다.

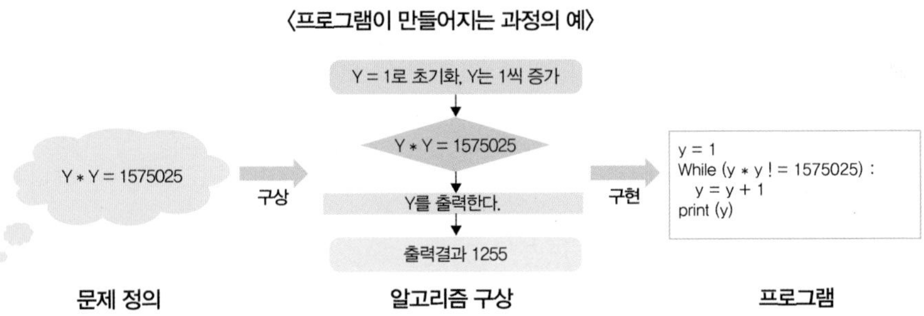

〈프로그램이 만들어지는 과정의 예〉

출처: http://ivis.kr/images/6/6b/2017_CP_1%EC%9E%A5.pdf

▲ 그림 1-2 프로그램이 만들어지는 과정의 예

문제 해결을 위해 위와 같은 접근법을 사용하는 것을 컴퓨팅적 사고라고 하고 우리가 사용하고 있는 다양한 프로그램들은 모두 위의 절차를 통해 구현된 것이다.

계산기, 엑셀 등의 간단한 계산을 도와주는 프로그램부터 영상처리, 데이터분석까지 복잡한 연산을 요구하는 프로그램 모두 사람의 요구에 따라 만들어진 프로그램의 결과물이라는 것을 생각한다면, 현실세계에서의 문제점들을 컴퓨터를 통해 쉽게 해결할 수 있다는 생각을 가질 수 있다.

DevOn NCD 개요

일반적인 IT 소프트웨어 개발 방식은 개발자가 얼마나 쉽게 원하는 소프트웨어를 완성하는데 기여할 수 있는지에 초점을 맞춰 발전해 왔다.

초기 개발언어인 Assembly는 사람보다는 기계가 중심이었고 이후 등장한 언어의 경우 Fortran, Cobol, C등 좀 더 개발자에게 친화적이고 직관적인 언어가 사용되었으며, 최근에는 Java, Python 등으로 발전되어 왔다. 이런 SW 개발의 역사는 프로그램에 사용되는 언어를 얼마나 "추상화"할 수 있는지가 중요한 요소이며, 추상화를 통해 누구나 쉽게 비즈니스 모델을 만들면 그 자체가 프로그램이 되는 수준까지 발전하고 있다. 이와 더불어 최근에는 변화되는 디지털 비즈니스 환경을 얼마나 빠르게 대응할 수 있는지도 중요한 요소 중에 하나이다.

(1) S/W 개발 언어의 혁신

S/W 개발의 역사는 "추상화" 수준의 향상과 함께 발전해 왔으며, 기존의 코드 중심 S/W개발에서 모델 중심의 S/W개발로 변화되고 있다.

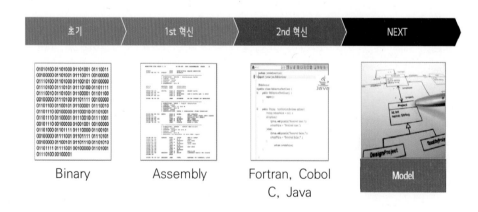

(2) 글로벌 개발 트랜드의 변화

기업에서는 빠르게 변화되는 디지털비즈니스 대응을 위해 No-code 또는 Low-code Application Development Platform 방식으로 변화하고 있다. 최근 구글은 Appsheet라는 No-code회사를 인수해 No-code 시장에 뛰어들었고 세계적인 IT 리서치 기관인 가트너에서는 기업들이 주목해야 할 10대 IT 전략트 랜드로 앱개발 기능 자동화 및 No-code, Low-code 확산을 꼽았다.

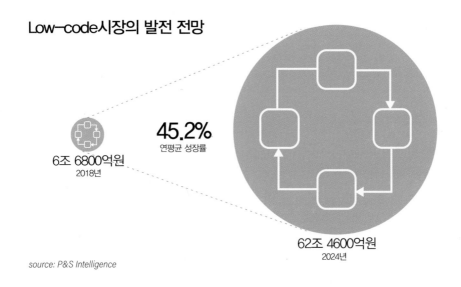

Low-code시장의 발전 전망

6조 6800억원
2018년

45.2%
연평균 성장률

62조 4600억원
2024년

source: P&S Intelligence

(3) DevOn NCD 구성

DevOn NCD(No Coding Development)는 프로그램 코딩 대신 자동화 도구를 사용하여 Flow Chart 모델링만으로 시스템을 구축할 수 있는 개발 방식으로 업무를 Source Code가 아닌 Flow Chart로 작성하므로, 시스템을 쉽게 구현할 수 있다.

DevOn NCD는 화면 UI(User Interface) 작성시 지원하는 DevOn UIP(UI Prototyper)와 비즈니스 서버 로직을 개발하는 DevOn BizActor로 구성되어 있다.

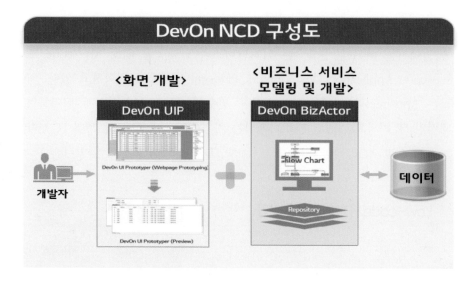

먼저, DevOn UIP(UI Prototyper)는 마우스의 Drag & Drop을 통해 원하는 시스템 화면의 Prototype을 작성할 수 있다. 또한 작성된 화면 Prototype의 HTML 코드를 생성할 수 있다.

DevOn BizActor는 원하는 비즈니스 로직을 Flow Chart로 그리면 즉시 서비스 개발이 가능하다. 별도의 코딩 작업 없이 시스템을 완성할 수 있다.

이런 DevOn NCD는 4가지 차별된 특징을 가지고 있다.

첫째, Flow Chart를 그리면 프로그램 개발이 된다. 이를 통해 프로그래밍 언어를 몰라도 프로그램을 개발할 수 있고, 별도의 컴파일 작업이 필요없으며, 코드가 생성되지 않아 보안이나 개발자 오류를 근본적으로 차단할 수 있다.

< Coding >

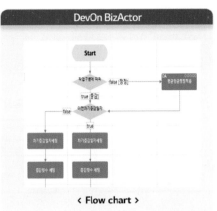

< Flow chart >

둘째, 개발과 동시에 테스트가 가능하다. 보통 개발이 완료되면 화면이 완성될 때까지 다양한 테스트가 어렵지만 DevOn NCD는 서비스 개발 후 바로 테스트 결과를 확인할 수 있으면, 테스트 데이터를 저장하여 재테스트도 가능하다.

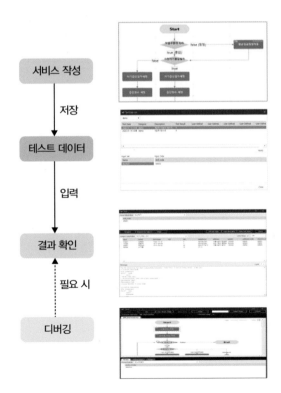

셋째, 개발된 서비스의 직관성 및 가시성이 좋아 재사용성이 높다. Flow로 만들어진 비즈니스 로직에 대해 개발자가 아니어도 이해를 할 수 있으며, 만들어진 모듈에 대한 재사용성이 높다.

▲ 다중 계층 비즈니스 사용을 통한 재사용성 향상

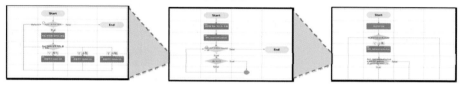

넷째, 파워포인트처럼 화면을 그리면 시스템 화면이 된다. DevOn UIP는 파워포인트처럼 화면을 그리면 동작 가능한 화면 프로그램이 생성한다. 또한 화면 개발 시 기본적으로 필요한 화면 Validation(숫자입력, 자릿수, 필수여부) 코드를 자동으로 생성해 준다.

< Coding >

< Drawing >

SECTION 04 DevOn NCD 실습환경

1. 다운로드 및 설치

DevOn NCD는 LG CNS 홈페이지 > 비지니스 > 솔루션 > 통합개발환경 > DevOn NCD(https://www.lgcns.com/Solution/DevOn-NCD) 다운로드 메뉴에서 DevOn NCD(비즈니스 개발)를 다운로드 받을 수 있다.

― 다운로드

📥	브로슈어 DevOn NCD 브로슈어	다운로드 >
📥	체험판 DevOn BizActor Studio	다운로드 >
📥	DevOn NCD (비즈니스 개발)	다운로드 >
📥	DevOn NCD (UI 프로토타입)	다운로드 >

― 온라인 무료 강좌

Do It Yourself! DevOn NCD!

▲ 그림 1-3 DevOn NCD 다운로드

다운로드 클릭 시 다음의 그림 [1-4]와 같이 다운로드 받는 사람의 기본 정보를 입력하는 화면으로 전환되며, 해당 정보 입력 후 다운로드 버튼을 클릭하면 DevOnNCD_v1.0.1_KOR.exe 파일이 저장된다.

ㅡ **정보 입력**

*표시는 필수 입력 항목입니다.

* 성			
* 이름			
* 이메일			
* 회사(소속)		* 직급	직급을 선택해주세요 ▼
* 직군	직군을 선택해주세요 ▼		

* 적용 의사 　☐ 네, 서비스 적용을 검토하고 있습니다. 　☐ 아니오, 자료만 참고하고자 합니다.

아래 링크를 눌러 내용을 주의깊게 읽으세요. 체크박스를 선택하면, 다음 항목을 모두 읽고 동의한 것으로 간주합니다.

☐ 모두 동의합니다.

☐ **개인정보 수집·이용 동의(필수)**
리소스 다운로드를 위한 개인정보 수집·이용 안내를 확인하였으며, 내용에 동의합니다.

☐ **개인정보 수집·이용 동의(선택)**
마케팅 정보 제공 관련 개인정보 수집·이용 안내를 확인하였으며, 내용에 동의합니다.

☐ **마케팅 정보 수신 동의(선택)**
마케팅 정보 수신과 함께 정보를 기입하시면, 관련된 뉴스레터 및 오프라인 세미나 소식을 받아 보실 수 있습니다.

[다운로드] [취소]

▲ 그림 1-4 다운로드 정보 입력

다운로드 받은 파일을 아래의 그림과 같이 관리자 권한으로 실행한다.

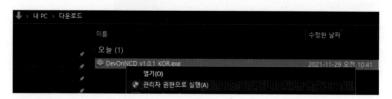

▲ 그림 1-5 DevOn NCD 설치파일 실행

소프트웨어 사용권 계약서의 내용을 확인한 후, 하단 동의함 체크 박스를 선택하고 다음을 클릭한다.

▲ 그림 1-6 DevOn NCD 설치 #1

설치위치는 C드라이브로 고정되어 있으며, 설치 후 해당 디렉토리를 다른 드라이브로 옮기거나 해당 디렉토리명을 변경한 경우에는 정상적으로 동작하지 않으니 주의가 필요하다. 설치 옵션을 확인한 후 설치 버튼을 누른다.

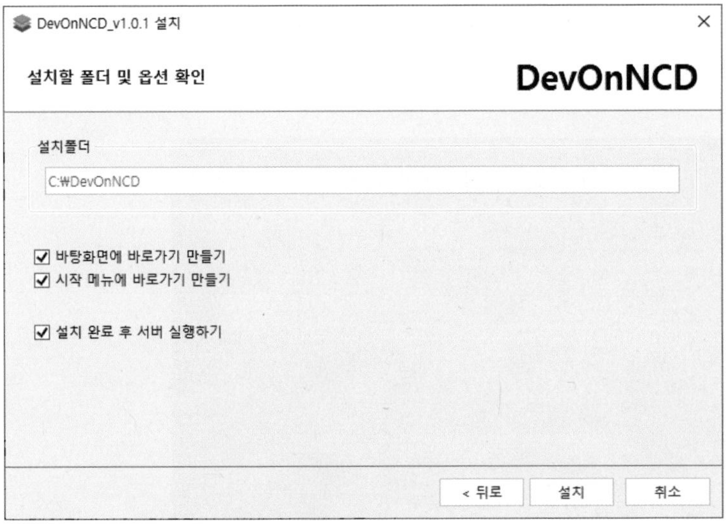

▲ 그림 1-7 DevOn NCD 설치 #2

설치가 완료되면 아래의 그림과 같이 설치 완료 화면이 보이며 확인 버튼을 클릭한다.

▲ 그림 1-8 DevOn NCD 설치 #3

설치화면에서 설치 완료 후 서버 실행하기를 선택한 경우에는 두 개의 윈도우 커맨드창이 실행되고 README.txt을 볼 수 있도록 자동으로 오픈된다.

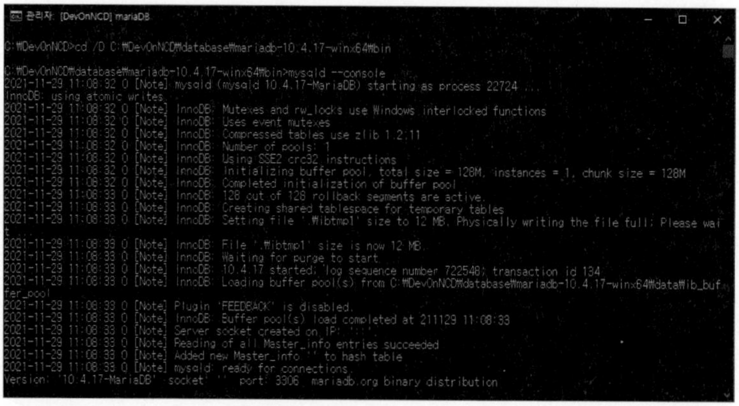

▲ 그림 1-9 DevOn NCD 서버 실행

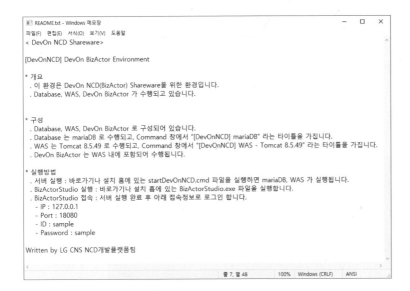

2. 실습환경 실행하기

DevOn NCD 실습환경을 실행하기 위해서는 바탕화면에 있는 startDevOnNCD.
cmd 혹은 C:\DevOnNCD\startDevOnNCD.cmd 파일을 더블클릭한다.

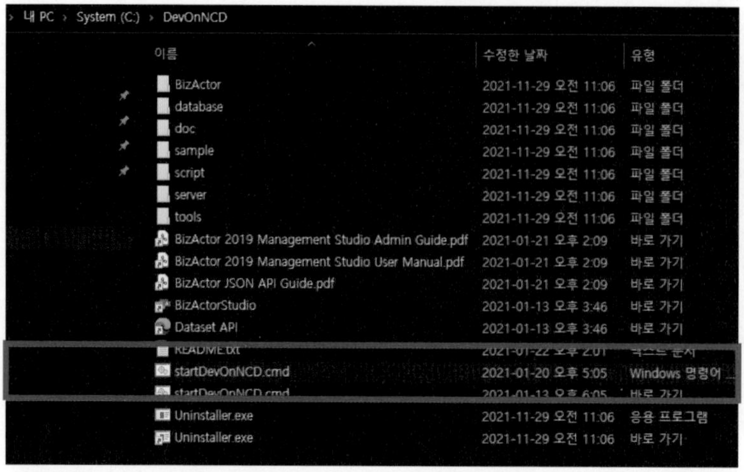

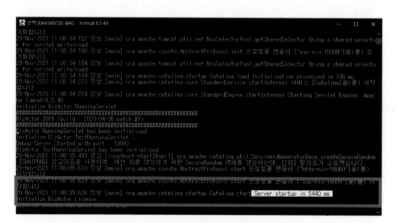

▲ 그림 1-10 DevOn NCD 실행

DB(Database) 구동용 윈도우 커맨드창과 WAS(Web Application Server) 구동용 윈도우 커맨드창이 실행되고, README.txt 파일을 볼 수 있도록 자동 오픈된다.

▲ 그림 1-11 DevOn NCD WAS 윈도우 커맨드 화면

WAS 기동에는 일정 시간이 필요하고, [DevOnNCD] WAS -Tomcat 8.5.49 윈도우 커맨드창에 "Server startup in xxxxxms" 라는 문구가 출력되면 서버 준비가 완료된 상태가 된다.

BizActor Management Studio를 실행하기 위해서 C:\DevOnNCD\BizActor Studio 바로가기를 더블클릭한다.

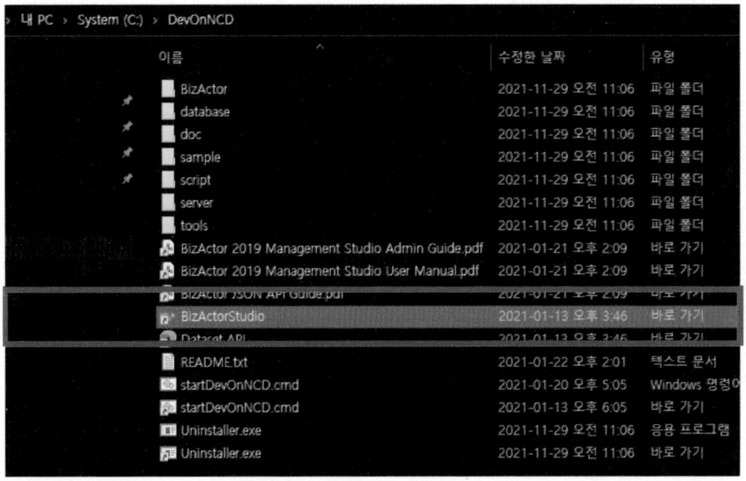

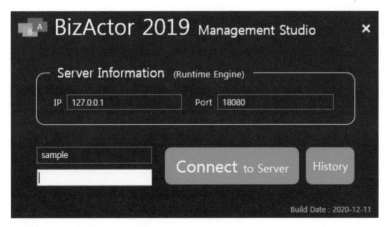

▲ 그림 1-12 BizActor Studio 바로가기 실행

서버 정보의 IP는 127.0.0.1이며, 포트는 18080이다. 로그인하기 위한 아이디 는 sample이며, 암호는 sample로 설정되어 있다.

▲ 그림 1-13 BizActor Studio 정보 입력

DevOn NCD 관리계층과 Service

1. 관리계층

DevOn NCD에서는 Service / Component / Group으로 구분되어 관리한다. Service는 비즈니스 로직 수행, SQL Query 실행, 외부 인터페이스 실행 등과 같은 기능을 수행하는 것이며, Component는 Service들의 집합으로 소유권을 가지고 있는 사용자만 수정, 삭제가 가능하다. Group은 Component의 집합이며, 소유권 개념없이 모든 사용자가 사용 가능하다.

DevOn NCD에서 소유권이란 BizActor Studio를 실행한 후 ID / Password를 입력하여 로그인하여 Service / Component에는 존재하는 소유권에 따라 소유권을 가진 사용자만 해당 Service / Component를 수정하거나 삭제할 수 있도록 권한 관리를 하는 것을 말한다.

DevOn NCD에는 세 가지의 Layer가 존재하고 그 Layer는 Business Rule Layer, Data Access Layer, Service Access Layer들이다.

Business Rule 서비스(이하 BR 서비스)는 다른 Business Rule / Data Access / Service Access 서비스를 호출할 수 있으며, 조건문 / 반복문과 같은 제어 로직을 수행하는 서비스이다. 복잡한 비지니스 로직은 대부분 BR 서비스로 구현한다.

Data Access 서비스(이하 DA 서비스)는 DB

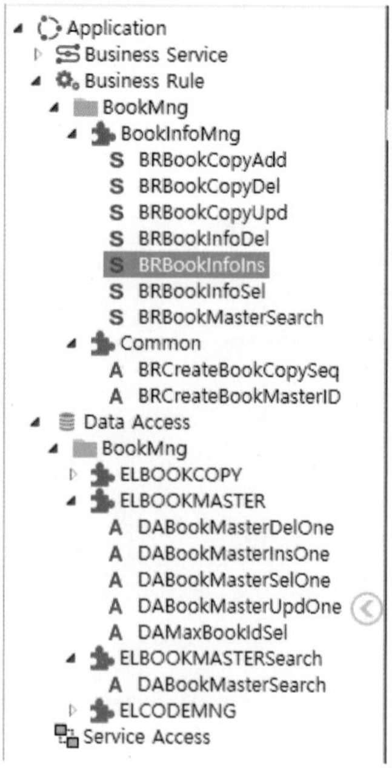

▲ 그림 1-14 관리계층과 Layer

와 관련된 기능을 수행하는 서비스이다. 사용자가 작성한 SQL Query를 실행하거나 Stored Procedure를 실행한다.

Service Access 서비스(이하 SA 서비스)는 외부 시스템과의 연계를 담당하는 서비스이다. 여기서의 외부 시스템은 일반적인 다른 프로그램 혹은 시스템을 포함하고, DevOn NCD에서 제공하는 기능이 아닌 오픈 소스로 제공되는 기능을 사용하고자 할 때 해당 기능을 DevOn NCD에서는 외부 시스템으로 정의할 수 있다.

2. Service

DevOn NCD의 BR / DA / SA 서비스는 각각 상태를 가지고 있으며, 상태에 따라 제약 조건들이 존재한다.

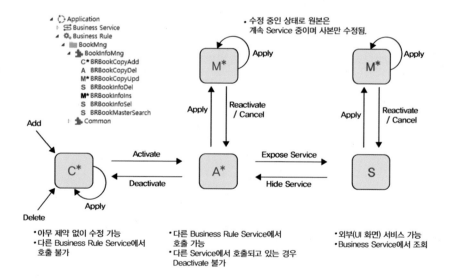

▲ 그림 1-15 서비스의 상태

서비스는 최초에 생성하면 C라는 상태값을 가지고 있으며, C 상태에서는 아무 제약없이 수정과 저장이 가능하며, 삭제도 가능하다. 하지만 C 상태는 DevOn NCD에서는 완성된 서비스로 판단하지 않기 때문에 다른 BR 서비스에서 호출할 수가 없다.

A 상태의 서비스는 다른 BR 서비스에서 호출이 가능하며, 수정한 후 저장하면 M 상태로 변경된다. 다른 서비스에서 호출되고 있는 경우에는 C 상태로 변경이 불가능하다.

S 상태의 서비스는 A와 동일하지만, 외부(UI 화면 혹은 타 시스템 등)에서 호출이 가능한다. 즉, S 상태가 아닌 서비스를 외부에서 호출하면 해당 서비스는 정상적으로 호출되지 않는다.

M 상태의 서비스는 A 혹은 S 상태에서 수정한 경우에 변경되는 상태로 수정한 내용을 반영하거나 수정한 내용을 제거할 수 있는 기능을 제공한다. 외부에서 호출하거나 다른 서비스에서 호출하는 경우, M 상태인 서비스는 변경된 내용이 반영되어 서비스되지 않는다. 내용 반영을 위해서 A 혹은 S로 상태를 변경시켜야 한다.

3. Service 실습

(1) Group 생성 실습

BizActor Studio에서 Business Rule Layer를 선택하고 우클릭하면 나오는 메뉴 중에 Add Group 메뉴를 선택한다.

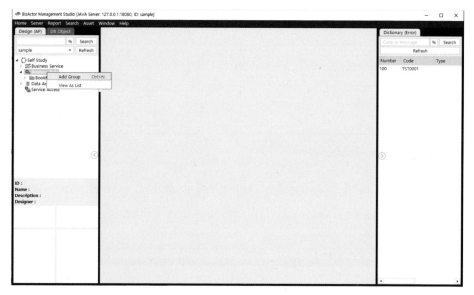

▲ 그림 1-16 Add Group 메뉴

New Group Name 팝업창에서 Name의 입력창에 "SAMPLE_GRP"라고 입력한다.

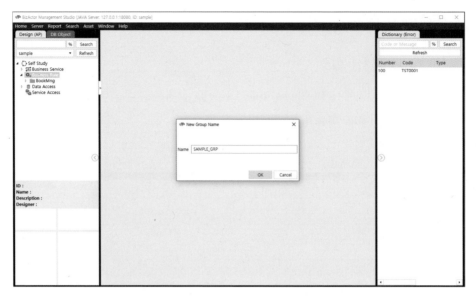

▲ 그림 1-17 New Group Name

BizActor Studio의 왼쪽 Design (AP) Tab에서 추가된 SAMPLE_GRP Group
을 확인할 수 있다.

▲ 그림 1-18 Group 생성 완료

(2) Component 생성 실습

BizActor Studio에서 SAMPLE_GRP Group을 선택하고 우클릭하면 나오는 메뉴 중에 Add Group 메뉴를 선택한다.

▲ 그림 1-19 Add Component 메뉴

신규 New BR Component Tab의 Component ID 입력창에 "SAMPLE_COM" 입력하고 Apply 버튼을 클릭한다. Name과 Description은 필수 입력 값이 아니다.

▲ 그림 1-20 New BR Component Tab

성공적으로 적용되었다는 알림창과 함께 BizActor Studio의 왼쪽 Design(AP) Tab에서 추가된 SAMPLE_COM Component를 확인할 수 있다.

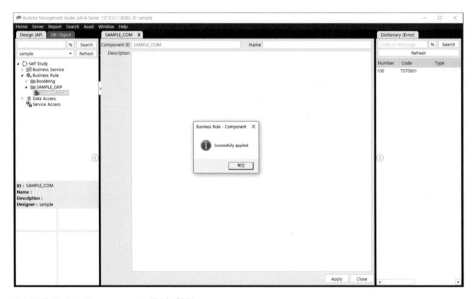

▲ 그림 1-21 Component 생성 완료

(3) Service 생성 실습

BizActor Studio에서 SAMPLE_COM Component를 선택하고 우클릭하면 나오는 메뉴 중에 Add Service 메뉴를 선택한다.

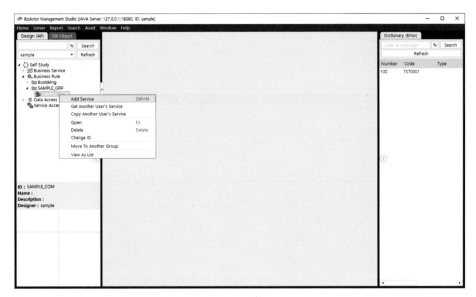

▲ 그림 1-22 Add Service 메뉴

신규 New BR Service Tab의 Service ID 입력창에 "SAMPLE_SVC" 입력하고 Next 버튼을 클릭한다. Name과 Description은 필수 입력 값이 아니다.

▲ 그림 1-23 New BR Service Tab #1

Start Step과 End Step이 연결되어 있는 것을 확인하고 Apply 버튼을 클릭한다.

▲ 그림 1-24 New BR Service Tab #2

성공적으로 적용되었다는 알림창과 함께 BizActor Studio의 왼쪽 Design (AP) Tab에서 추가된 C 상태의 SAMPLE_SVC Service를 확인할 수 있다.

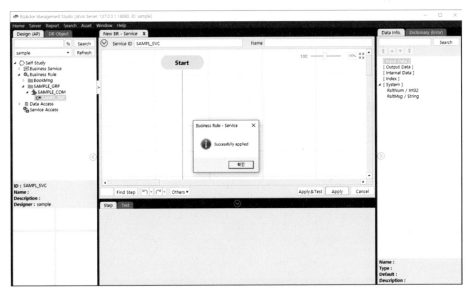

▲ 그림 1-25 Service 생성 완료

(4) Service Activate 실습

생성한 서비스를 다른 서비스에서 호출 가능하도록 Activate하여 A 상태의
서비스로 변경한다.

BizActor Studio에서 SAMPLE_SVC Service를 선택하고 우클릭하면 나오는
메뉴 중에 Activate 메뉴를 선택한다.

▲ 그림 1-26 Activate 메뉴

Activate 여부를 물어보는 알림창에서 예를 선택하면, 변경이력에 대한 Tag
및 Description을 입력할 수 있는 창으로 변경된다. 내용을 입력하거나 OK 버튼
을 클릭한다.

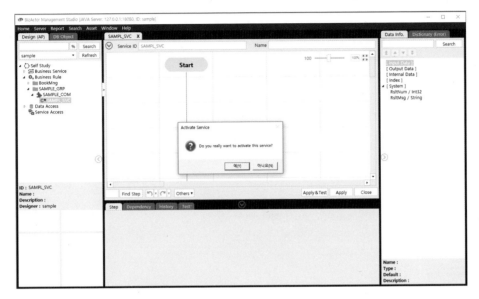

▲ 그림 1-27 Activate Service

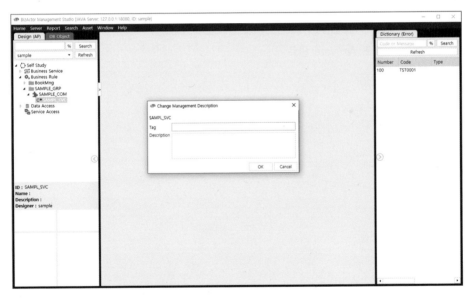

▲ 그림 1-28 Change Management Description

성공적으로 Activate 되었다는 알림창과 함께 BizActor Studio의 왼쪽 Design(AP) Tab에서 A 상태로 변경된 SAMPLE_SVC Service를 확인할 수 있다.

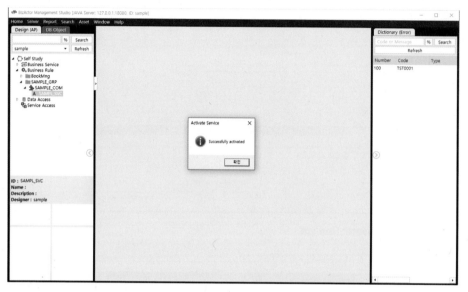

▲ 그림 1-29 서비스 Activate 완료

(5) Expose Service 실습

외부(화면 UI 혹은 타 시스템)에서 호출가능 하도록 Expose Service하여 S 상태의 서비스로 변경한다.

BizActor Studio에서 SAMPLE_SVC Service를 선택하고 우클릭하면 나오는 메뉴 중에 Expose Service 메뉴를 선택한다.

▲ 그림 1-30 Expose Service 메뉴

Expose Service 여부를 물어보는 알림창에서 예를 선택한다.

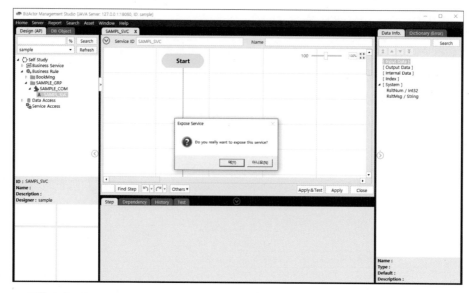

▲ 그림 1-31 Expose Service

BizActor Studio의 왼쪽 Design(AP) Tab에서 S 상태로 변경된 SAMPLE_SVC Service를 확인할 수 있다.

▲ 그림 1-32 Expose Service 완료

(6) Hide Service 실습

외부(화면 UI 혹은 타 시스템)에서 호출가능한 S 상태의 서비스를 Hide Service하여 A 상태의 서비스로 변경한다.

BizActor Studio에서 SAMPLE_SVC Service를 선택하고 우클릭하면 나오는 메뉴 중에 Hide Service 메뉴를 선택한다.

▲ 그림 1-33 Hide Service 메뉴

Hide Service 여부를 물어보는 알림창에서 예를 선택한다.

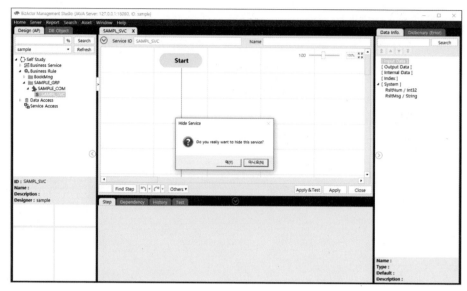

▲ 그림 1-34 Hide Service

BizActor Studio의 왼쪽 Design(AP) Tab에서 A 상태로 변경된 SAMPLE_SVC Service를 확인할 수 있다.

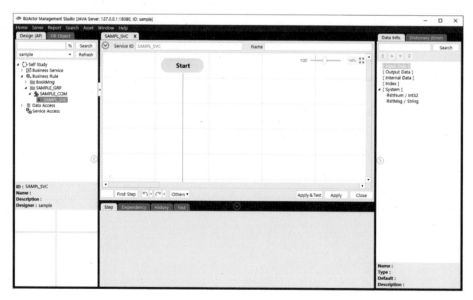

▲ 그림 1-35 Hide Service 완료

(7) Service Deactivate 실습

다른 서비스에서 호출가능한 A 상태의 서비스를 Deactivate하여 C 상태의
서비스로 변경한다.

BizActor Studio에서 SAMPLE_SVC Service를 선택하고 우클릭하면 나오는
메뉴 중에 Deactivate 메뉴를 선택한다.

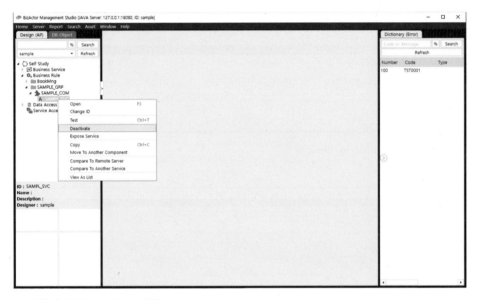

▲ 그림 1-36 Deactivate 메뉴

Deactivate 여부를 물어보는 알림창에서 예를 선택하면, 변경이력에 대한
Tag 및 Description을 입력할 수 있는 창으로 변경된다. 내용을 입력하거나 OK
버튼을 클릭한다.

▲ 그림 1-37 Deactivate Service

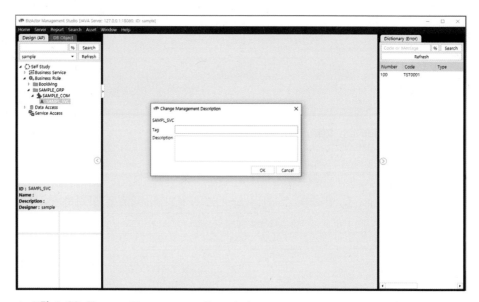

▲ 그림 1-38 Change Management Description

성공적으로 Deactivate되었다는 알림창과 함께 BizActor Studio의 왼쪽 Design (AP) Tab에서 C 상태로 변경된 SAMPLE_SVC Service를 확인할 수 있다.

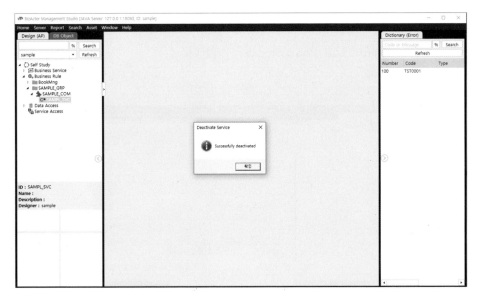

▲ 그림 1-39 서비스 Deactivate 완료

(8) Service Modify 실습

A 상태의 서비스를 수정하고 Apply 버튼을 클릭하면 M 상태의 서비스로 변경된다.

A 상태의 SAMPLE_SVC 서비스의 Start Step과 End Step 사이의 연결선을 선택한 후 우클릭하고 Add Point Step을 선택한다.

▲ 그림 1-40 Add Point Step 메뉴

Point Step이 추가된 것을 확인한 후 Apply 버튼을 클릭한다.

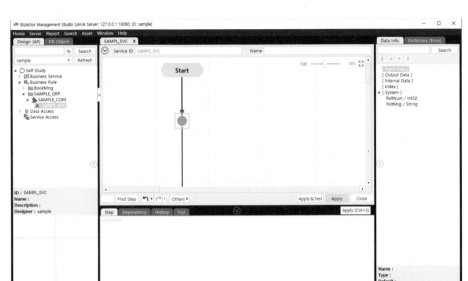

▲ 그림 1-41 변경된 서비스

Modify Service 여부를 물어보는 알림창에서 예를 선택한다.

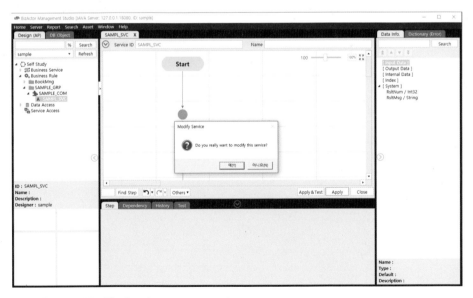

▲ 그림 1-42 Modify Service

성공적으로 적용되었다는 알림창과 함께 BizActor Studio의 왼쪽 Design(AP) Tab에서 M 상태로 변경된 SAMPLE_SVC Service를 확인할 수 있다.

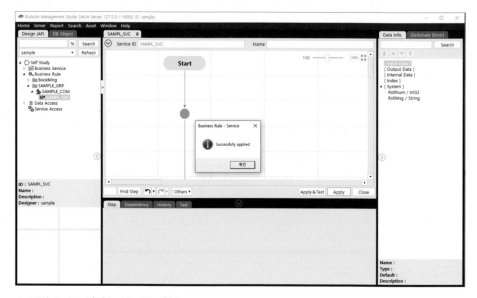

▲ 그림 1-43 서비스 Modify 완료

(9) Service Cancel / Reactivate 실습

M 상태의 서비스에서 수정한 내용을 반영하지 않고 이전 A나 S 상태로 되돌리고 싶을 때에는 Cancel 메뉴를 선택하고, 수정한 내용을 반영하여 서비스 내용을 변경하고 싶을 때에는 Reactivate 메뉴를 선택한다.

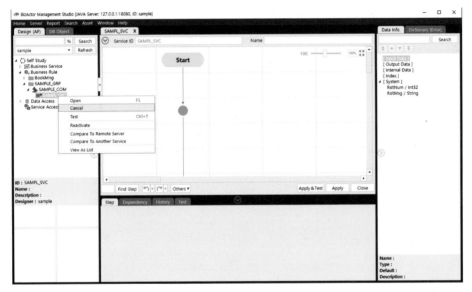

▲ 그림 1-44 Cancel 메뉴

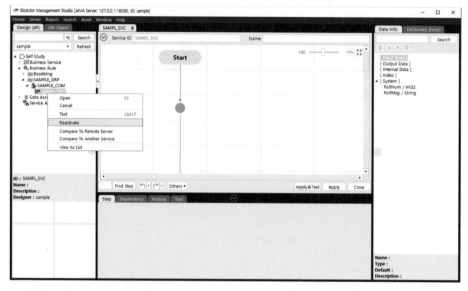

▲ 그림 1-45 Reactivate 메뉴

02

변수

학습목표

- 자료형과 변수에 대한 개념과 DevOn NCD와 Java/C#과의 차이를 이해할 수 있다.
- DevOn NCD에서 Data Table의 기능을 이용하여 변수를 선언할 수 있다.
- DevOn NCD에서 Substitution Step을 통해 변수의 값을 할당할 수 있다.

DevOn NCD
No Coding Development

자료형과 변수

1. 자료형

컴퓨터 과학 및 컴퓨터 프로그래밍에서 자료형 또는 데이터 타입(Data Type)은 프로그래머가 데이터를 사용하려는 의도를 컴파일러 또는 인터프리터에게 알려주는 데이터 속성이다. 대부분의 프로그래밍 언어는 다양한 크기의 정수(Integer), 실수(Floating‒Point), 문자(Character) 또는 문자열(String), 부울(Boolean) 등을 비롯한 다양한 유형의 데이터를 지원한다. 자료형은 다양한 유형의 데이터를 식별하는 분류로서, 데이터에 대해 수행할 수 있는 작업, 데이터의 의미 및 해당 유형의 값을 저장할 수 있는 방법을 정의한다. 또한, 자료형은 변수(Variable), 함수(Function) 등과 같은 표현식이 값을 취할 수 있도록 값들의 집합을 제공한다.

자료형은 자료형을 정의, 구현 및 사용하기 위한 여러 방법을 제공하는 자료형 체계(Type System)내에서 사용된다. 자료형 체계는 값, 표현식, 함수, 모듈 등을 분류하는 규칙의 집합으로, 계산될 값을 분류하여 특정한 종류의 프로그램 오류가 일어나지 않음을 증명하는 계산 가능한 방법으로 정의된다. 거의 모든 프로그래밍 언어들은 명시적으로 자료형의 개념을 포함하지만, 프로그래밍 언어마다 다른 용어를 사용할 수 있다. 예를 들어, Java와 C#은 아래의 예시와 같이 문자열 클래스의 메소드에서 차이가 발생한다.

```
String str = "hello world!";
str.substring(1, 2); // Java
str.Substring(1, 1); // C#
```

위 결과를 각 언어에 적용하면 똑같이 "e"를 출력한다. 하지만 substring 메소드의 두 번째 파라미터가 Java에서는 끝 인덱스의 위치를 나타내지만, C#에서는 길이를 받는 것과 같은 사용 방법의 차이가 있다.

DevOn NCD에서 사용하는 자료형은 일반적인 프로그래밍 언어인 Java와 C#에서 사용하는 자료형을 대부분 그대로 사용하고 있다. 이와 더불어 데이터셋, 데이터테이블, 데이터컬럼을 이용하는 테이터 단위를 사용하고 있다.

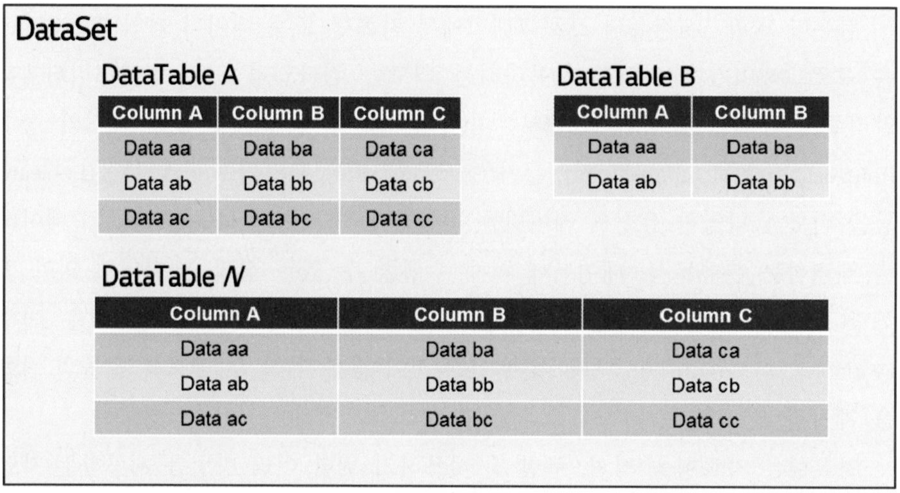

▲ 그림 2-1 DevOn NCD 데이터 단위

여기서, 데이터컬럼은 데이터테이블에서 특정한 단순 자료형의 일련의 데이터값과 테이블에서의 각 열을 의미한다. 데이터테이블은 세로줄과 가로줄의 모델을 이용하여 정렬된 데이터 집합(값)의 모임을 말한다. 데이터셋은 데이터테이블 개체를 통해 서로 연결할 수 있는 개체의 집합으로 구성된다. 하나의 데이터셋은 하나 이상의 데이터테이블을 가지고 있으며, 하나의 데이터테이블 또한 하나 이상의 데이터컬럼을 가지고 있는 형태이다. 데이터컬럼에서 사용한 가능한 자료형은 다음과 같다.

프로그래밍 언어에서 사용하는 정수 기반의 자료형을 살펴보면 Signed와 Unsigned 형식으로 나누어져 있다는 것을 확인할 수 있다. 일반적으로 사용자가 입력할 데이터가 양수와 음수의 값 모두 포함한다면 Signed 자료형을 선택하고 양수의 값만 포함한다면 Unsigned 자료형을 선택하면 된다. 여기서 음수까지 사용이 가능한 Signed가 더 낫다고 생각할 수 있지만, 음수를 처리하려면 부호 비트를 요구하므로, 양수의 저장 범위가 절반으로 줄어들어 Signed가 무조건 더 낫다고 단정하기가 어렵다. 예를 들어, 'signed char', 'unsigned char'와 같이 각 8비트 타입이 있다고 가정하면, 'signed char' 자료형은 부호 비트인 MSB(Most Significant Bit)를 통해 음수 표현을 포함하므로, 데이터의 표현 범위가 $-128 \sim 127$ 까지 총 256개의 값을 저장할 수 있다. 'unsigned char' 자료형은 부호 비트가 없으므로 음수로 표현할 수 없지만, 데이터의 표현 범위가 두 배의 양수 범위인 $0 \sim 255$까지 총 256개의 값을 저장할 수 있다. 결국 두 자료형은 실제로 저장 가능한 숫자 또는 표현 가능한 숫자의 개수가 동일하게 된다.

아래의 그림을 예시로 살펴보면, 숫자 3을 8비트 타입의 2진수로 기록한다면, Unsigned는 그림 2−2와 같이 할당되며, Signed는 그림 2−3과 같이 할당된다는 것을 알 수 있다. 여기서 Signed는 음수를 표현해야 하므로 제일 앞 비트(아래 그림 2−3의 음영 바탕)인 MSB를 하나 소비하게 된다. 3은 양수라 MSB가 0이지만, 음수라면 1이 될 것이다. 따라서 Signed와 Unsigned는 상황에 따라 사용 여부를 결정하면 된다.

0	0	0	0	0	0	1	1

▲ 그림 2-2 숫자 3에 관한 8비트 타입 2진수 Unsigned 기록 예시

0	0	0	0	0	0	1	1

▲ 그림 2-3 숫자 3에 관한 8비트 타입 2진수 Signed 기록 예시

▌표 2-1 DevOn NCD 자료형

자료형 (Studio의 Data Type)	C# 자료형	Java 자료형	설명
Boolean	Boolean	boolean	true, false
Byte	Byte	byte	
Byte[]	Byte[]	byte[]	Byte 배열
DateTime	DateTime	Timestamp	날짜정보
Decimal	Decimal	BigDecimal	
Double	Double	double	
Int16	Int16	short	
Int32	Int32	int	
Int64	Int64	long	
Single	Single	float	
String	String	String	문자열

C#을 기준으로 한 정수형에 해당하는 자료형 크기와 범위에 관한 간략한 설명은 표 2-2와 같다.

▌표 2-2 C#에서 사용되는 자료형의 범위(정수형)

Data Type		Byte	Range
char	부호있는 정수	1-byte	-128~127
short		2-byte	-32,768~32,767
int		4-byte	-2,147,483,648 ~2,147,483,647
long		8-byte	-9,223,372,036,854,775,808 ~9,223,372,036,854,775,807
uchar	부호없는 정수	1-byte	0~255
ushort		2-byte	0~65,535
uint		4-byte	0~4,294,967,295
ulong		8-byte	0~18,446,744,073,709,551,615

Java를 기준으로 한 정수형에 해당하는 자료형의 크기와 범위에 관한 간략한 설명은 표 2-3과 같다.

▍표 2-3 Java에서 사용되는 자료형의 범위(정수형)

Data Type	Byte	Min.	Max.
byte	1-byte	-128	127
short	2-byte	-32,768	32,767
int	4-byte	-2,147,483,648	2,147,483,647
long	8-byte	-9,223,372,036,854,775,808	9,223,372,036,854,775,807
float	4-byte	1.4^{-45}	3.402823538
double	8-byte	4.9^{-324}	1.79769313486231570E+308

2. 변수

변수는 값을 저장할 수 있는 메모리 공간에 붙은 이름, 혹은 메모리 공간 자체를 의미한다. 변수는 상황에 따라 변할 수 있으며, 변수를 사용하기 위해서는 특정한 방을 만들어 주는 변수의 선언이 필요하다. 변수를 선언하기 위해서는 먼저 변수의 형을 선언한 다음 변수의 이름을 선언하면 된다. 변수의 이름은 주로 프로그래머에 의해 임의적으로 지어질 수 있어나, 일정 정도 규칙을 세우면 간편하게 사용할 수 있다.

아래의 예시를 통해 변수 선언 방법을 확인할 수 있다.

```
자료형(데이터 타입) 변수이름;
int age; // 정수형 데이터 타입의 변수 age를 선언하고 있는 모습
```

'age'를 'int'형 변수로 선언하였으므로, 'age'는 정수의 값을 저장할 수 있으며, 세미콜론(;)으로 끝맺음 된다는 것을 알 수 있다.

변수 이름을 작명할 때에는 아래와 같은 주의 사항이 요구된다.

- 알파벳, 숫자, '_', '$'만 사용 가능함
- 알파벳과 숫자를 섞어서 쓸 때에는 반드시 알파벳이 먼저 시작해야 함 (7abc, 88ai 등은 잘못된 것으로 인식)
- 대소문자는 서로 다른 것으로 구별함
- Java에서 미리 사용하고 있는 '예약어'들은 변수 이름으로 사용할 수 없음(**예** int, char, for 등)

DevOn NCD에서 변수 선언은 Java 혹은 C#과 달리 기존 데이터테이블에 데이터컬럼을 추가하거나 신규로 데이터테이블을 생성 후 데이터컬럼을 추가하고, 해당 데이터컬럼의 자료형을 선택하는 것으로 처리된다. 데이터컬럼만 단독으로 선언하여 변수 선언을 할 수 없게 되어 있으며, 반드시 데이터테이블에 데이터컬럼을 추가하는 형태로만 가능하다.

또한, 변수는 할당(Assignment)을 함으로써 값을 가질 수 있다. 아래의 예시를 통해 변수 할당 방법을 확인할 수 있다.

```
age = 28;
```

변수 'age'에 값 28을 할당하는데, 여기서 할당하는 숫자를 상수(Constant)라 한다. 아래의 예시를 통해 변수에 값을 할당하거나, 변수를 사용하기 전에 선언이 먼저 수행되어야 함을 알 수 있다.

```
int age;
age = 28;
```

하지만 아래와 같이 작성하면 에러가 날 수 있다.

```
age = 28; // *** WRONG ***
int age;
```

또한, 선언된 자료형의 범위를 넘어가는 값을 할당할 경우 에러가 발생할 수 있다. 아래는 int로 선언된 변수에 int의 범위 이상의 값을 할당한 경우이다.

```
int age;
age = 2222222222; // *** WRONG ***
```

이러한 경우, 변수를 범위가 좀 더 넓은 자료형으로 선언해야 한다. 따라서 아래와 같이 int보다 범위가 더 넓은 long으로 자료형을 변경해야 한다. 예시의 두 번째 줄에서 'L'은 long 변수에 할당 시 long 자료형이라는 것을 알려주는 것으로, 없으면 에러가 발생한다.

```
long age;
age = 2222222222L;
```

```
long age;
age = 2222222222; // *** WRONG ***
```

아래 목록은 위와 같은 실수를 하기 쉬운 경우를 나열한다.
1) unsigned와 signed로 구분된 정수형을 혼합하여 다룰 때
2) byte, short, int, long 등 정수형 자료형을 혼합하여 다룰 때
3) float, double 등 실수형 자료형을 혼합하여 다룰 때

위에서 살펴본 long 변수 예시를 통해 상수도 자료형을 가지고 있음을 알 수 있다. 프로그래밍 언어에 따라 기본적인 자료형이 다르나 Java의 경우, int와 double이 기본적인 자료형으로 사용된다. 따라서 아래와 같이 변수에 다른 자료형을 가진 상수를 할당할 경우 에러가 발생할 수 있다.

```
int age;
age = 1.0; // *** WRONG ***
```

다만, 실수형 자료형으로 선언된 변수에 정수형 자료형을 가진 상수를 할당하는 것은 가능하다.

```
float age;
age = 1;
```

문자열 자료형인 String의 경우 큰 따옴표("")를 통해 할당 가능하다.

```
String str;
str = "abc";
```

문자열 자료형인 String의 경우 작은 따옴표('')를 사용하거나 따옴표를 사용하지 않을 경우 에러가 발생할 수 있다.

```
String str;
str = abc; // *** WRONG ***
```

```
String str;
str = 'abc'; // *** WRONG ***
```

작은 따옴표('')는 String보다 작은 단위, 문자 하나를 다루는 char 자료형에서 활용한다.

```
char str;
str = 'a';
```

Java에서 char 자료형은 2-byte로 표현된다. 따라서 Java의 String이 char 자료형의 집합과 유사하여 String의 크기가 글자수와 2-byte의 곱으로 착각하기 쉬우나 할당된 상수에 따라 크기가 다르다. 아래 예시의 두 String 변수는 동일한 글자수를 가지지만 byte 크기는 각각 3-byte, 9-byte로 다르다.

```
String str1 = "abc";
String str2 = "하나둘";
```

DevOn NCD에서의
변수 선언

1. Add DataTable 메뉴 이용

DevOn NCD에서 서비스에 필요한 In / Out 파라미터를 생성하는 기본적인 방법은 Studio 우측 상단의 Data Info.탭의 [Input Data] / [Output Data] / [Internal Data] 노드에서 마우스 우클릭 시 제공되는 컨텍스트 메뉴 중 Add DataTable을 이용하는 것이다.

▲ 그림 2-4 Add DataTable 메뉴

Add DataTable 메뉴를 선택하면 팝업창이 활성화되며, 해당 화면에서 데이터테이블명을 정의할 수 있다. 데이터컬럼을 추가하기 위해서 데이터컬럼의 빈 공간에서 마우스 우클릭 시 제공되는 컨텍스트 메뉴 중 Add를 클릭하면 된다.

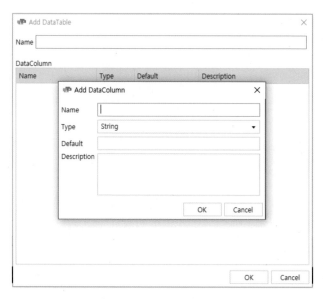

▲ 그림 2-5 Add DataTable 팝업창

Add 메뉴를 선택하면 Add DataColumn 팝업창이 활성화되고, 데이터컬럼에 대한 정의가 가능하다.

▲ 그림 2-6 Add DataColumn 팝업창

2. Paste DataTable from Clipboard

데이터테이블에 많은 데이터컬럼을 추가할 경우, Add DataTable 메뉴보다 효율적인 Paste DataTable from Clipboard 메뉴를 권장한다. 윈도우OS에서 제공하는 메모장 혹은 MS Excel을 이용하여 많은 데이터컬럼을 쉽게 추가할 수 있다.

윈도우OS에서 제공하는 메모장을 이용하여 많은 데이터컬럼을 추가하는 방법은 먼저 메모장에 Name, Type, Default, Description 순으로 입력한다. 각각의 입력값 사이에는 빈칸(Space)이 아닌 Tab으로 구분한다.

▲ 그림 2-7 메모장에 입력값 예시

필수입력값은 Name과 Type이다. Default, Description은 값이 없는 경우 [그림 2-7]과 같이 입력 후 전체내용을 Ctrl+C로 복사한다.

MS Excel을 이용하여 많은 데이터컬럼을 추가하는 방법은 각각의 셀에 Name, Type, Default, Description을 입력한다.

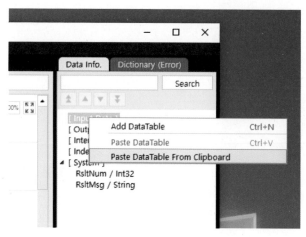

	A	B	C	D	E
1					
2		IN_COL1	String		
3		IN_COL2	String		
4		IN_COL3	Int32		
5					
6					
7					

▲ 그림 2-8 MS Excel에 입력값 예시

입력한 셀만 선택한 후 Ctrl+C로 복사한 후, Studio 우측 상단의 Data Info. 탭의 [Input Data] / [Output Data] / [Internal Data] 노드에서 마우스 우클릭 시 제공되는 컨텍스트 메뉴 중 Paste DataTable from Clipboard 메뉴를 선택한다.

▲ 그림 2-9 Paste DataTable from Clipboard

데이터컬럼을 추가하기 위해서는 데이터테이블이 필요하므로 데이터테이블
명을 입력하는 팝업창이 표시된다.

▲ 그림 2-10 Edit DataTable

데이터테이블명을 입력하고 OK버튼을 클릭하면 해당 데이터테이블에 복사
했던 데이터컬럼들이 추가된 것을 확인할 수 있다.

▲ 그림 2-11 Paste DataTable From Clipboard 결과

3. Drag & Drop, Copy / Paste DataTable

추가하고자 하는 데이터컬럼들이 있는 기존 데이터테이블이 존재한다면
Drag & Drop이나 Copy / Paste DataTable을 통해서 쉽게 추가가 가능하다. 기
존 다른 서비스나 현재 서비스의 데이터테이블을 복사하여 새로운 데이터테이
블을 만들 수 있다. 새로 생성되는 데이터테이블명이 현재 서비스의 존재하는

다른 데이터테이블명과 동일한 경우에는 [그림 2-12]와 같은 팝업창이 표시된다.

Studio 좌측하단의 Service 정보영역에 표시되는 데이터테이블을 선택하고 드래그하여 Data Info.탭의 [Input Data] / [Output Data] / [Internal Data]에 드랍하거나, 마우스 우클릭 시 제공되는 컨텍스트 메뉴인 Copy Datatable을 선택하고 Data Info.탭의 [Input Data] / [Output Data] / [Internal Data] 중 하나를 선택한 후에 마우스 우클릭 시 제공되는 컨텍스트 메뉴 중 Paste Datatable을 선택하면 된다.

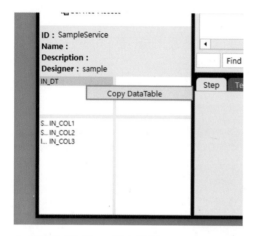

▲ 그림 2-12 Copy DataTable

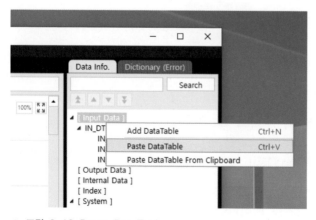

▲ 그림 2-13 Paste DataTable

DevOn NCD에서 변수의 값 할당

1. 정의

Studio의 Data Info.탭에 정의된 [Input Data] / [Output Data] / [Internal Data]에 정의된 변수들의 값을 할당할 때 사용하는 Step을 Substitution Step이라고 한다.

2. Substitution Step의 표현 방식

① 변수의 값을 할당할 데이터테이블을 선택하고, Substitution Step을 추가하고자 하는 선에 Drag & Drop한다.

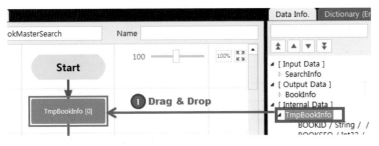

▲ 그림 2-14 Step 생성

② 추가할 Substitution Step에 대한 Comment를 입력한다.
③ 데이터테이블의 몇 번째 로우에 대입을 적용할지 설정한다.
④ 우측 Data Info의 데이터테이블에서 몇 번째 로우의 값을 가지고 올지 설정한다.
⑤ Wizard Mode와 Script Mode를 선택하여 각 데이터컬럼(헤더고정됨)에 적

용할 대입문을 입력한다.

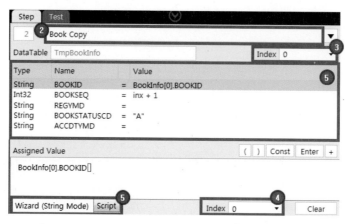

▲ 그림 2-15 Step 탭 설정

데이터컬럼의 Value 입력 시 우측 Data Info.에서 데이터테이블을 선택
하고 우클릭하여 'Substitute All' 메뉴를 실행하면, Name이 동일한 데이
터컬럼들이 일괄적으로 자동 입력된다.

Add DataColumn	Ctrl+Shift+A	
Edit DataTable		
Delete DataTable	Delete	
Copy DataTable	Ctrl+C	
Paste DataColumn From Clipboard	Ctrl+V	
Substitute All		

▲ 그림 2-16 Substitute All 메뉴

Canvas 빈 공간을 클릭하여 Substitution Step 추가 완료된다.

Start

Book Copy

▲ 그림 2-17 Substitution Step 생성

03

소프트웨어의 절차적 표현 방법

학습목표

- 프로그램 논리와 흐름도를 이해하고 해석할 수 있다.
- 흐름도를 구성하는 제어방식인 순서화, 선택, 반복 구조를 이해한다.
- 주어진 문제를 해결하기 위한 알고리즘을 작성하고,
  DevOn NCD를 활용해 흐름도로 표현할 수 있다.

DevOn NCD
No Coding Development

흐름도

흐름도(또는 순서도, Flow Chart)는 그림 형식으로 알고리즘을 표현한 것이다. 알고리즘은 컴퓨터가 주어진 문제를 해결할 수 있도록 컴퓨터가 해야 하는 동작들을 순서대로 정리한 것으로, 이를 표현하는 그림형식이 흐름도이다. 잘 작동하는 알고리즘을 구현하기 위해서는 컴퓨터가 동작하는 관점에서 세상을 바라보며 프로세스를 구성해야 하는데, 이렇게 컴퓨터 관점에서 사고하는 방식을 컴퓨팅 사고라 한다. 이 장에서는 효율적인 알고리즘 설계를 위한 컴퓨팅적 사고 방법에 대해 살펴보고, 이를 바탕으로 DevOn NCD의 흐름도 기호를 이용해 문제해결 알고리즘을 설계하고 표현해 보자.

1. 컴퓨팅적 사고

컴퓨팅적 사고(Computing Thinking)는 컴퓨터가 효과적으로 문제를 해결할 수 있도록 문제를 정의하고 그에 대한 답을 찾아가는 일련의 사고 과정을 의미한다. 즉 복잡한 문제를 해결하기 위한 알고리즘을 설계하는 과정이고, 다음과 같이 4단계 과정으로 구분한다.

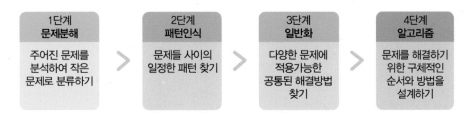

▲ 그림 3-1 알고리즘 설계 과정

(1) 문제 분해: 주어진 문제를 분석하여 작은 문제로 분류하기

(2) 패턴인식: 문제들 사이의 일정한 패턴 찾기

(3) 일반화: 다양한 문제에 적용가능한 공통된 해결방법 찾기

(4) 알고리즘: 문제를 해결하기 위한 구체적인 순서와 방법을 설계하기

문제를 해결하기 위해 4개 단계를 모두 거쳐야하는 것은 아니다. 주어진 문제를 검토하여 문제해결을 위해 필요한 단계를 선택하고 적용한다.

(1) 문제 분해

문제 분해(Problem Decomposition)는 주어진 큰 문제를 작은 문제로 나누는 과정이다. 큰 문제를 통째로 해결하는 방법을 찾는 것은 매우 어려운 과제이다. 하지만, 문제를 분해하여 작은 문제로 나누어 분석하면, 해답을 찾는 것이 수월하다. 작은 문제들은 순차적으로 해결되기도 하고, 병렬적으로 해결되기도 한다. 그리고 작은 문제의 답을 찾아 가는 과정 속에서 큰 문제가 해결된다. 생활 속에서 흔히 발생하는 장보기 문제를 예로 문제를 분석하고 분해하는 연습을 해보자.

예제 3.1

가족 3명의 저녁식사를 준비하기 위해 자주 이용하는 온라인 마트에서 장보기를 하려고 한다. 메뉴는 고등어 구이와 달걀 찜, 된장찌개일 때, 식재료 구매 계획을 세워라.

풀이 ···

주어진 문제를 작은 문제로 분해하여 각각의 해결책을 찾는다.

① 고등어 구이
  재료: 요리용 기름, 고등어 2마리
  집에 있는 재료: 요리용 기름
  구매할 재료: 고등어 2마리

② 달걀 찜
  재료: 달걀 3개, 야채(소량)

집에 있는 재료: 달걀, 야채
구매할 재료: 없음

③ 된장찌개:
　　재료: 된장 1큰술, 고추장 0.5큰술, 고추가루 1큰술, 대파 100g, 두부
　　　　　150g, 양파 100g, 팽이버섯 100g, 호박 100g, 감자 100g
　　집에 있는 재료: 된장, 고추장, 고추가루, 대파, 감자
　　구매할 재료: 두부 1모, 양파 2개, 팽이버섯 1봉, 호박 1개

따라서, 장보기에서 구매할 품목은 다음과 같다.
장보기 구매품목: 고등어 2마리, 두부 1모, 양파 2개, 팽이버섯 1봉, 호박 1개

(2) 패턴인식

패턴인식(Pattern Recognition)은 분해된 문제들 사이에서 공통된 부분을 찾는 단계로, 각 문제의 공통된 부분을 찾으면 공통 부분을 공식화하여 문제를 쉽게 해결할 수 있다.

예제 3.2

예제 3.1에서 구매하기로 결정한 품목의 가격을 확인해보니 다음과 같다. 각 품목별 구매가격을 계산하여라.

품목	고등어	두부	양파	팽이버섯	호박
단가	5,000원	3,000원	1,000원	1,000원	2,500원

풀이 ···

품목별 단가표가 주어져 있으므로 품목별 구매가격은 '단가×수량'의 패턴을 적용하여 계산할 수 있다.
고등어 2마리: 5,000원×2마리 =10,000원
두부 1모: 3,000원×1모 = 3,000원
양파 2개: 1,000원×2개 = 2,000원
팽이버섯 1봉: 1,000원×1개 =1,000원
호박 1개: 2,500원×1개 =2,500원

문제

수열 '32642861633*'에서 *에 해당하는 숫자를 예측해 보자.

(3) 일반화

일반화(Generalization)는 패턴 인식을 통해 얻은 문제 해결 방법을 보편적으로 적용 가능한 일반화모델로 확장하는 단계다.

예제 3.3

[예제 3.1]에서 구매하기로 결정한 품목의 재고현황과 가격을 확인해보니 다음과 같다.

품목	고등어	두부	양파	팽이버섯	호박
재고현황	있음	있음	있음	품절	있음
단가	5,000원	3,000원	1,000원	1,000원	2,500원

(1) [예제 3.1]에서 확인한 장보기 계획의 패턴과 온라인 마트의 재고현황을 고려하여 장보기 절차를 일반화하여라.

(2) (1)에서 일반화한 방법대로 장보기를 하였다. [예제 3.2]에서 구매 품목의 가격을 계산하는 패턴을 일반화하여, 장바구니의 총 구매 가격의 계산식을 찾아라.

풀이

(1) 장보기 계획의 패턴과 재고현황을 고려하여 장보기 과정을 일반화하면 다음과 같다.

[장보기 계획의 요리 별 구매목록 작성 패턴]
① 재료를 확인한다.
② 집에 있는 재료인지 확인한다.
③ 집에 없는 것만 구매한다.
⇩

[장보기 일반화]
① 재료를 확인한다.
② 집에 있는 재료인지 확인한다.
③ 재고가 있는지 확인한다.
④ 집에 없고 재고가 있으면 구매한다.

(2) (1)에서 일반화한 방법대로 장보기를 한 결과, 품목별 구매수량과 단가는
   다음과 같다.

품목	고등어	두부	양파	팽이버섯	호박
구매수량	2	1	2	0	2,500
단가	5,000원	3,000원	1,000원	1,000원	2,500원

[예제 3.2]에서 발견한 품목별 구매가격 계산 패턴인 '단가구매수량'을 이용해
각 품목별 구매가격을 계산하고, 이를 모두 합산하여 장바구니의 총 구매 가격
식을 일반화하면 다음과 같다.

장바구니 총 구매가격 = 각 구매 품목별 '단가구매수량'의 총합

(4) 알고리즘

알고리즘(Algorithm)은 앞에서 다룬 문제 분해, 패턴인식, 일반화 등 문제를
해결하기 위한 모델링 과정을 순차적으로 정리하여 전체 과정을 설계하는 단계
다. 온라인 식재료 장보기 알고리즘은 [예제 3.3]의 장보기 순서를 이용해 다음
과 같이 순차적으로 정리할 수 있다.
① 준비할 요리를 확인한다.
② 요리 별 재료를 확인한다.
③ 집에 있는 재료인지 확인한다.
④ 마트의 재고를 확인한다.
⑤ 집에 없고 재고가 있는 재료를 장바구니에 담는다.
⑥ 배송지를 입력한다.
⑦ 장바구니의 총 구매가격과 배달비용을 결제한다.

2. 알고리즘 제어구조

알고리즘(Algorithm)은 주어진 입력 값을 출력 값으로 변환하는 데에 필요한 컴퓨터의 동작(Action)들을 순서대로 정리한 일련의 과정이다. 즉, 컴퓨터가 주어진 문제를 해결하기 위해 수행할 절차 또는 명령어의 집합이다. 요리에 비유하자면, 입력 값은 요리의 재료, 출력 값은 완성된 요리이고, 알고리즘은 요리를 만드는 절차를 순서대로 정리한 요리방법인 셈이다.

▲ 그림 3-2 요리에 비유한 알고리즘의 제어구조

동일한 재료로 같은 요리를 만드는 데에도 다양한 요리방법이 있듯이, 주어진 입력 값에 대해 같은 출력 값으로 변환하는 알고리즘도 다양하다. 알고리즘이 논리적이고 명확하면 컴퓨터가 성공적으로 동작하여 빠르고 올바르게 결과를 얻을 수 있을 것이고, 알고리즘이 효율적이지 않거나 논리가 부족하면 원하는 결과를 얻는데 많은 시간이 소요되거나 원하는 결과를 얻지 못할 수 있다. 따라서, 알고리즘은 모든 과정을 최대한 명확하고 실현 가능하게 구체적으로 작성한다.

문제 해결을 위해 알고리즘을 설계할 때에는 제어 구조를 이용한다. 제어 구조는 알고리즘에서 명령의 실행 순서를 결정하는 구조로 순차(Sequence), 선택(Selection), 반복(Repetition)이 있다.

순차 구조는 정해진 순서에 따라 시행되어야 하는 알고리즘의 특성을 나타낸다. 알고리즘은 시작과 종료 사이에 각 프로세스가 연결되어, 지정된 순서에 따라 순차적으로 시행된다. 알고리즘에서 명확한 순서 관계는 매우 중요한 개념으로, 순서가 변경되거나 일련의 처리과정 중 일부 순서가 뒤바뀌면 결과 값이 달라져 원하는 값을 얻지 못한다. 선택 구조는 선택적 상황에 대해 조건문 또는 조건식으로 특정 조건을 만족하는지 판단하고, 조건의 만족 여부에 따라 다음 명령을 선택하여 실행한다. 반복 구조는 정해진 동작 또는 과정을 반복적으로 수행하는 프로세스로, 조건 설정에 유의하여 무한 반복에 빠지지 않고 원하는 조건을 만족하면 반복을 종료하도록 주의하여 알고리즘을 설계하도록 한다.

┃ 알고리즘의 제어 구조

순차(Sequence)	문제해결과정을 시간의 순서에 따라 순차적으로 실행한다.
선택(Selection)	특정 조건을 만족하는지 판단하고, 조건의 만족 여부에 따라 다음 명령을 선택하여 실행한다.
반복(Repetition)	특정 동작을 반복하여 실행한다.

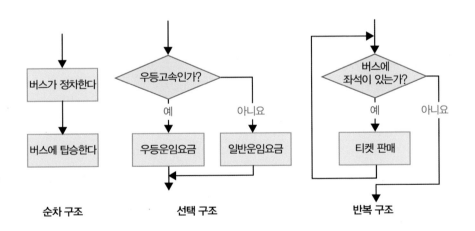

▲ 그림 3-3 제어 구조 예시

3. 흐름도를 이용한 알고리즘 표현

우리가 일반적으로 사용하는 컴퓨터 프로그램은 설계된 알고리즘을 흐름도나 의사코드(pseudocode)[1]로 표현하고, 이것을 프로그래밍 언어로 코딩하여 프로그램으로 변환한 것이다.

▲ 그림 3-4 알고리즘 설계와 프로그램(프로그래밍 언어)

그러나 DevOn NCD가 제공하는 BizActor Management Studio는 흐름도만 작성하면 설계한 알고리즘을 표현하고 동작할 수 있는 개발환경을 제공한다.

▲ 그림 3-5 알고리즘 설계와 프로그램(DevOn NCD)]

4. Point Step을 활용한 알고리즘 설계

DevOn NCD의 흐름도는 BizActor Management Studio의 Business Rule Layer에서 작성한다. Business Rule Layer에서 Service를 추가해 편집 화면을 열면 다음 그림과 같이 시작과 종료로 구성된 흐름도의 틀(frame)이 자동 생성된

---

1) 의사코드(Pseudocode): 흐름도와 같이 알고리즘을 표현하기 위한 방법 중 하나로, 우리가 사용하는 자연어를 이용하여 프로그래밍 언어와 비슷하게 만든다. 자연어를 사용하므로 실제 컴퓨터에서 실행되지는 않는다.

다. 이때, 흐름선의 원하는 위치에서 마우스 우클릭을 하면 필요한 step을 추가
할 수 있다.

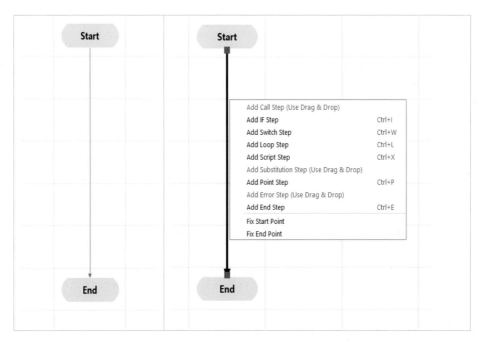

▲ 그림 3-6 DevOn NCD 흐름도 편집 시작화면과 Step 추가

Point Step은 DevOn NCD에서 주석 입력이 가능해 흐름도 설계에 사용할
수 있는 절차적 방법이다. 편집 시작 화면의 (Start 기호)와 (End 기호) 사이의 원
하는 위치에 Point Step을 추가해가며 알고리즘 전체 구조를 표현하는 흐름을
설계할 수 있다. 설계가 완성되면 각각의 Point Step을 필요에 맞는 Step으로 변
환하여 흐름도를 완성할 수 있다. 그 외, 다른 Step에 영향을 주지 않고 Flow
Chart 선을 정리하는 기능도 제공한다. 다른 Step을 학습하기 전에 Point Step을
사용해 알고리즘을 설계해 보자.

(1) Point Step 생성하기

① Point Step을 추가하고자 하는 선을 선택하고, 마우스 우클릭하여 'Add Point Step' 선택한다.

② [Add Point Step]

입력할 주석이 있다면, Step을 더블클릭하거나 하단 Step 탭에서 내용을 작성한다.

③ [주석 입력]

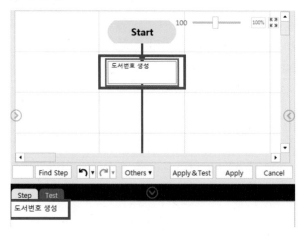

Canvas 빈 공간을 클릭하여 Point Step 추가 완료한다.

④ [Point Step 생성]

주석 입력없이 Canvas 빈 공간을 클릭하여도 Point Step 추가 완료가 가능하다.

⑤ [Point Step 생성]

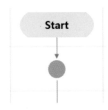

(2) Point Step으로 선 정리하기

흐름도에서 흐름선을 정리해야 할 때, Point Step을 추가해 이용할 수 있다.

[선 정리]

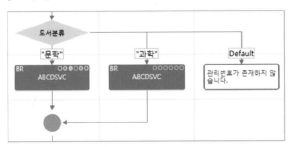

(3) Point Step으로 논리구조 설계하기

Point Step의 주석 기능을 이용하면 흐름도 구현을 위해 사전적으로 논리구조를 설계해 볼 수 있다.

[논리구조 설계 예시]

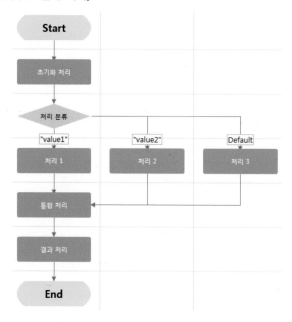

예제 3.4

입력한 숫자가 홀수인지 짝수인지를 구분하여, 짝수면 '0', 홀수면 '1'을 출력하는 흐름도를 설계해 보자.

풀이 ···

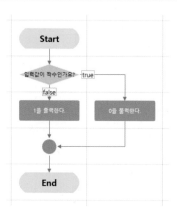

5. 연산자 사용하기

연산자는 컴퓨터에게 계산을 하도록 명령하는 명령어이다. 피연산자는 연산의 대상으로 연산에 필요한 데이터를 의미하고, 피연산자에 연산자를 적용하여 계산 결과를 얻게 된다. 다음 덧셈 연산에서 number1과 number2는 피연산자이고 '+'와 '=' 기호는 연산자이다.

▲ 그림 3-7 연산자와 피연산자

피연산자가 3개 이상일 때, 괄호를 이용하면 연산의 우선 순위를 결정할 수 있다. 아래에서 왼쪽 식은 순서대로 계산해서 결과가 −5이고, 오른쪽 식은 우선순위를 나타내는 괄호를 먼저 계산하여 결과값이 9이다.

[연산의 우선순위를 표시하는 괄호]

$$5-3-7=-5, \ 5-(3-7) \ = \ 9$$

DevOn NCD의 BisActor Studio에서는 Step별 편집창은 주어진 메뉴 버튼으로 명령어를 작성하는 Wizard(Numeric Mode)와 Script를 직접 작성할 수 있는 Script창을 제공한다.

[Step 편집창 Wizard(Numeric Mode)의 연산자 메뉴 위치]

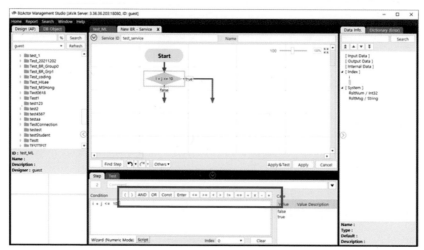

[Step 편집창 스크립트(script)의 위치]

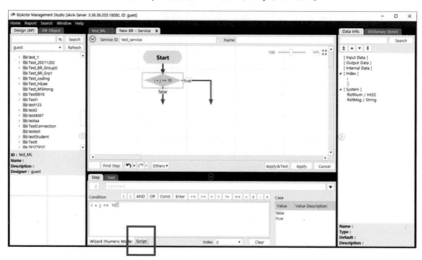

연산자는 크게 산술연산자, 비교연산자, 논리연산자, 대입연산자로 분류할 수 있고, Wizard(Numeric Mode)의 메뉴에서 선택하여 사용한다. 편집기 메뉴에서 제공하지 않는 연산자는 Step별 스크립트(script) 창에서 Java 언어로 스크립트를 작성해 사용할 수 있다.

▌표 3-1 Wizard(Numeric Mode) 편집기 메뉴에서 제공하는 연산자

분류	설명	종류	Wizard(Numeric Mode) 메뉴 버튼
산술 연산자	사칙연산 등 숫자의 연산 수행	덧셈(+), 뺄셈(−), 곱셈(*), 나눗셈(÷)의 사칙연산과 그 외 나머지(%)나	÷ X − +
비교 연산자	2개의 피연산자를 서로 비교	작다(〈), 크다(〉), 작거나 같다(〈=), 크거나 같다()=), 같다(==), 같지 않다(!=)	<= >= < 〉 != ==
논리 연산자	2개 이상의 조건이 결합되어 전체 식의 참(True)과 거짓(False)을 판단	and(&, &&), or(|, ||), not(~), xor(^)	AND OR
대입 연산자	변수의 값 또는 수식의 연산결과를 저장	=, +=, −=, *=, %=,/=, 〉〉=, 〈〈= (예시) 예시 / 의미 x=5 / 5를 x값으로 대입 x+=5 / x의 값에 5를 더한 값을 x값으로 대입 x%=5 / x의 값을 5로 나눈 나머지를 x값으로 대입	없음

Wizard(Numeric Mode) 편집기에서는 [표 3−1]의 연산자와 그 외 괄호, 상수 입력, 줄바꿈 기능을 제공한다.

▌표 3-2 Wizard(Numeric Mode) 편집기 메뉴에서 제공하는 추가 기능

메뉴	역할
( )	연산순서를 나타내며 ()안을 먼저 연산한다.
Const	상수를 입력할 때 사용하며, 입력된 값은 문자열로 인식한다.
Enter	편집창에서 작성하는 스크립트의 줄을 바꿀 때 사용한다.

6. DevOn NCD에서 흐름도 완성하기

DevOn NCD에서는 흐름도 표현을 위한 기호로 Visual Diagram(ISO5807, UML) 규격에 부합하는 7종의 Step을 지원하며, 7종의 Step은 기호의 형태와 색으로 구분된다. DevOn NCD Step의 기호 별 기능은 다음과 같다.

▌표 3-3 DevOn NCD Step의 기호와 기능

Step	모양	기능
Call	Call	• Data Access / Business Rule / Service Access 서비스를 호출한다. • 호출할 서비스를 선택하고 Input / Output Parameter를 할당한다
IF	If	• 조건문 또는 조건식의 True / False에 따라 분기하여 서로 다른 명령을 수행한다.
Switch	Switch	• 변수조건에 따라 분기하고 서로 다른 명령을 수행한다.
Loop	Loop	• Index 변수의 증감 또는 조건을 지정하여 값이 참(true)인 동안 반복을 수행한다.
Script	Script	• 코드를 직접 작성하여 실행한다.

Substitution	Substitution	• Input / Output Parameter 또는 Variable 의 DataSet에 저장된 변수의 값을 가공할 때 사용한다.
Error	테스트용 에러메시지 1	• 사용자 정의 Exception을 발생시키는 Step 이며, 에러 메시지는 Error Dictionary로 별 도 관리한다.

예제 3.5

[예제 3.4]에서 Point Step만으로 설계한 흐름도에서 Point Step을 적 절한 다른 Step으로 변경하여 흐름도를 완성하여라.

풀이 ···

[변수선언]

[흐름도]

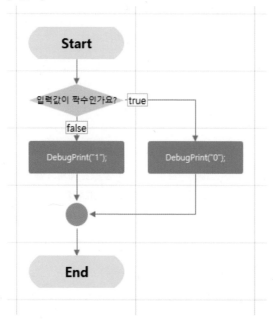

[If Step 상세]

[Script Step 상세]

조건문

조건문(Conditional)이란 명시한 조건이 참인지 거짓인지에 따라 별도의 다른 명령을 수행하는 제어를 의미한다. 알고리즘에 선택(Selection) 논리를 적용하면 판단 조건에 따라 실행하는 명령이 달라지도록 설정할 수 있다.

선택논리는 조건식의 수와 적용 방식에 따라 단순선택, 이중선택, 다중선택으로 분류한다. 단순선택은 조건을 만족하면 특정 명령을 수행하고, 그렇지 않으면 아무런 명령도 실행하지 않는다. 이중선택은 양자택일 조건문으로, 조건을 만족하면 특정 명령을 수행하고 조건을 만족하지 않으면 또다른 명령을 수행한다. 끝으로, 다중선택은 2개 이상의 조건에 대해 각 조건을 만족할 때마다 각각 다르게 지정된 명령을 수행하는 구조를 갖는다. DevOn NCD에서는 조건문을 구현하기 위해 분기 처리를 할 수 있는 IF Step과 Switch Step을 사용한다.

▌표 3-4 조건문의 종류와 DevOn NCD의 기호

분류	설명	흐름도 기호
단순선택 (기본조건문)	조건을 만족하면 특정 명령 수행 조건을 만족하지 않으면, 어떤 동작도 하지 않음	If
이중선택 (양자 택일)	조건을 만족하면, 특정 명령 수행 조건을 만족하지 않으면, 또 다른 명령 수행	
다중선택 (다중 비교)	조건1을 만족하면 명령1 수행 조건2를 만족하면 명령2 수행 ... 조건n을 만족하면 명령n 수행	If Switch

1. 단순선택과 이중선택

단순선택 조건문은 특정 (조건)이 주어져서, (조건)을 만족하면 (실행문)을 수행하고 (조건)을 만족하지 않으면 아무런 동작도 하지 않는다. 이 구조를 컴퓨터 언어인 Java에서는 다음과 같은 'if문'으로 표현한다.

```
if(조건){
    실행문;
}
```

한편, 이중선택은 주어진 (조건)에 대해, (조건)을 만족하면 (실행문1)을 수행하고 조건을 만족하지 않을 경우에는 또 다른 명령인 (실행문2)를 수행한다. 이와 같은 이중선택 구조를 Java에서는 'if, else'를 사용해 나타낸다.

```
if(조건){
    실행문1;
}else{
    실행문2;
}
```

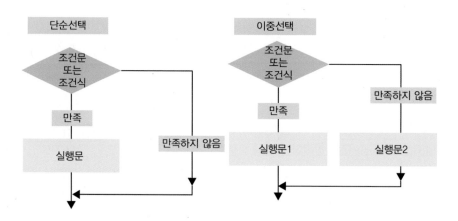

▲ 그림 3-8 단순선택과 이중선택 구조

단순선택과 이중선택을 표현할 때 DevOn NCD에서는 IF Step을 사용한다. IF Step은 흐름선의 원하는 위치에서 추가하거나, Point Step을 IF Step으로 변경하여 추가한다.

(1) 흐름선에서 IF Step 추가하기

IF Step은 흐름선의 원하는 위치에서 마우스 우클릭하여 'Add IF Step'을 선택해 추가한다.

① 흐름선에서 IF Step 추가하기

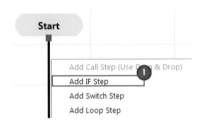

② IF Step의 Comment 입력

Wizard Mode와 Script Mode 중 하나를 선택하여 조건식 입력
true / false에 대한 Value Description을 입력

③ Canvas 빈 공간을 클릭 IF Step 추가 완료

(2) Point Step을 IF Step으로 변경하기

Point Step을 IF Step으로 변경할 때에는 Point Step을 마우스로 우클릭하고 'Replace with IF Step'을 선택한다.

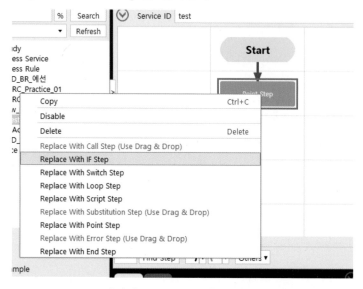

Comment를 입력하고 Canvas 빈 공간을 클릭하여 Step 추가를 완료하는 과정은 흐름선에서 IF Step을 추가하는 방법과 동일하다.

2. 다중선택

다중선택은 2개 이상의 조건과 여러 개의 실행문이 있어서, 각 조건에 따라 동작이 달라지는 구조를 의미하며 Java에서는 'if, else if, else' 또는 'switch'를 이용해 표현한다.

```
if(조건1){
    실행문1;
  }else if(조건2){
    실행문2;
  ...
```

```
    }else if(조건n-1){
  실행문n-1;
 }else{
  실행문n;
 }
```

또는

```
switch(변수){
   case 값1:
    실행문1;
   break;
   case 값2:
    실행문2;
   break;

 ...
   case 값n:
    실행문3;
   break;
   default;
 }
```

　DevOn NCD에서도 Java와 비슷하게 다중선택을 표현할 때 IF Step을 반복
하거나 Switch Step을 사용한다.

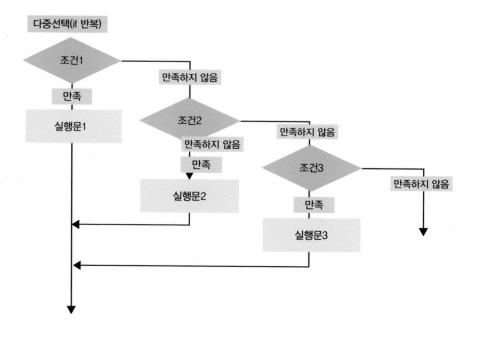

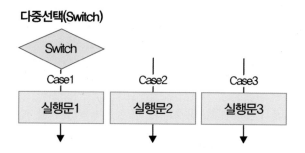

▲ 그림 3-9 다중선택(다중비교) 구조

    Switch Step은 흐름선의 원하는 위치에서 추가하거나, Point Step을 Switch Step으로 변경하여 추가한다.

(1) 흐름선에서 Switch Step 추가하기

Switch Step은 흐름선의 원하는 위치에서 마우스 우클릭하여 추가하고, 각 명령을 수행할 조건을 case로 등록해 사용한다.

① 흐름선에서 마우스 우클릭하여 'Add Switch Step' 선택

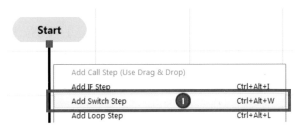

② Switch Step의 Comment 입력

Wizard Mode와 Script Mode 중 선택하여 사용할 Variable을 입력한다.

각 Case를 추가하기 위해 Case 창에서 마우스 우클릭하고 'Add'를 선택하면 기본적으로 "value1"이라는 Value 값을 갖는 case와 Default case가 추가된다. 등록된 case는 마우스 우클릭하고 'Edit'을 선택하여 수정한다.

Case	
Value	Value Description
"CL"	분류코드
"ST"	상태코드
Default	코드값 오류

Add Case 창에서 Case에 사용할 Value, Description을 입력하고 'OK' 버튼을 클릭하면 Case 추가가 완료된다. 그림의 [④~⑤] 과정을 반복하여 필요한 모든 Case를 추가한다.

③ Canvas 빈 공간을 클릭하여 Switch Step 추가를 완료

(2) Point Step을 Switch Step으로 변경하기

Point Step을 Switch Step으로 변경할 때에는 Point Step을 마우스로 우클릭하고 'Replace with Switch Step'을 선택한다.

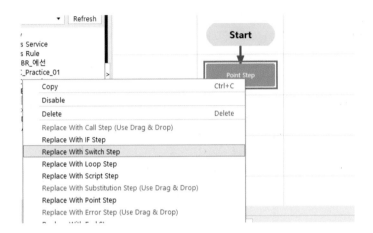

Comment를 입력하고 Canvas 빈 공간을 클릭하여 Step 추가를 완료한다.

3. 조건문 실습

예제 3.6

차량2부제

고농도 미세먼지 비상저감조치를 위한 차량 2부제를 시행하는 것을 따라야 한다. 2부제를 실시하는 날에는 일자가 짝수이면 짝수인 차량만, 일자가 홀수이면 홀수인 차량만 입차가 가능하도록 주차장을 관리한다. 인풋으로 오늘 날짜와 차량 번호 4자리를 입력 받아서 입차 가능 여부를 판단하는 프로그램을 만들어라.

풀이 ....

작성해야 하는 프로그램은 다음 조건을 만족하여야 한다.
• 인풋: 오늘 날짜(숫자형, 예: 8월 24일이면 24)
　　　　차량번호 4자리(숫자형, 예: 000가1234이면 1234)
• 아웃풋: 입차 가능 여부(boolean, 0(입차가능) 또는 1(입차불가))
• 로직: 두 개의 인풋이 모두 짝수이거나 홀수이면 0, 아니면 1
[방법 1] 다음 성질을 이용해 두수의 합을 계산하여 짝수이면 0, 홀수이면 1을
　　　　아웃풋한다.
(성질) 두수가 모두 짝수이거나 모두 홀수인 경우, 두수의 합은 짝수
　　　　두수 중 하나는 짝수이고 나머지 하나는 홀수인 경우, 두수의 합은 홀수
[방법 2] 다음 성질을 이용해 날짜와 차량번호를 2로 나눈 나머지가 같으면 0,
　　　　다르면 1을 아웃풋한다.
(성질) 짝수를 2로 나눈 나머지는 0, 홀수를 2로 나눈 나머지는 1

문제

기계의 온도를 감지해 냉각팬을 자동으로 작동하게 하는 장치를 만들려고
한다. 다음 요구사항을 만족하도록 흐름도를 작성해보자.

[프로그램 요구사항]
- 기계의 온도를 입력한다.
- 입력된 온도가 40 이상이면 '팬작동'을 출력한다.
- 입력된 온도가 40 미만이면 '팬중지'를 출력한다.

풀이 ··

[변수선언]

[흐름도]

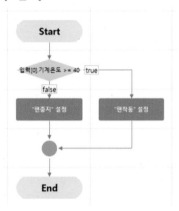

[IF Step 상세]

[Substitution Step 상세]

예제 3.7

가구 인원수에 따라 국가재난지원금을 모든 가구에 지급한다고 한다. 표를 참고하여 가구의 인원수를 입력받아 지원금액을 결정하는 흐름도를 작성하여라.

1인 가구	2인 가구	3인 가구	4인 가구
400,000원	600,000원	800,000원	1,000,000원

풀이 ···

[변수선언]

[흐름도]

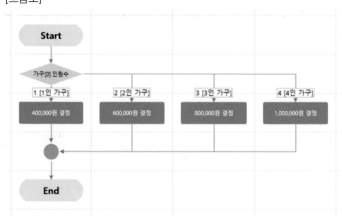

[Switch Step 상세]

[Substitution Step 상세]

문제

COVID-19의 확산으로 공급부족현상이 나타나 마스크 구매가 어려워지자, 국가에서 공적마스크를 준비하여 출생년도에 따라 정해진 요일에 구매하는 요일제를 시행하기로 하였다. 아래 표를 참고하여 출생년도를 입력하면 요일을 알려주는 흐름도를 작성해보자.

출생년도 끝자리	1, 6	2, 7	3, 8	4, 9	5, 0
마스크 구매 요일	월	화	수	목	금

반복문

반복문(Loop Statement)은 컴퓨터가 같은 일을 반복하여 실행할 수 있도록 하는 명령문이다. Java에서는 특정 (조건)이 만족하는 동안 반복하는 'while문'과 특정 (변수)에 대해 주어진 (증감)조건에 따라서 (변수)의 값이 변화되며 (조건식)을 만족하는 동안 반복하는 'for문'으로 표현된다.

```
while(조건){
    실행문;
}
```

```
for(초기화식; 조건식; 증감식){
    실행문;
    실행문;
}
```

▲ 참고 Java 언어의 'while문'과 'for문' 구조

DevOn NCD에서 반복문은 Loop Step으로 나타낸다. Index 변수의 증감과 조건을 지정해 True인 동안 반복 수행하는 기능을 제공한다.

▎표 3-5 반복문과 DevOn NCD의 기호

	설명	흐름도 기호
반복문	Index 변수의 증감 또는 조건을 지정하여 값이 참(true)인 동안 반복을 수행한다.	Loop

1. Loop Step

DevOn NCD의 Loop Step은 특정한 기준에 부합되는 동안 정해진 동작을 반복하여 수행하는 기능을 지원한다.

(1) 흐름선에서 Loop Step 추가하기

Loop Step을 추가할 흐름선 위치에서 마우스 우클릭하고 'Add Loop Step' 선택하여 추가한다.

① 마우스 우클릭하여 'Add Loop Step' 선택

② 추가할 Loop Step의 Comment 입력
  • 우측 Data Info.에서 Loop Step에서 사용할 Index Variable이 있는지 확인
  • Index Variable은 우측 Data Info.의 [Index]에서 추가 / 삭제할 수 있음
  • Loop Step에서 사용할 Index Variable을 선택하고, Index의 초기치 및 증감치를 입력
  • Wizard Mode와 Script Mode를 선택하여 Loop 수행 시 확인할 조건식 입력

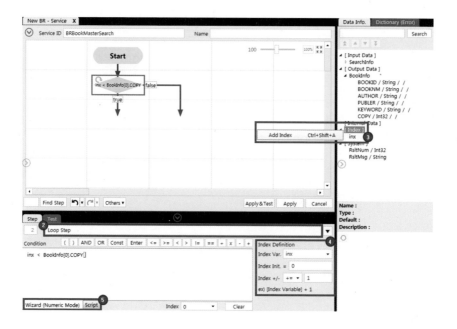

③ Canvas 빈 공간을 클릭하여 Loop Step 추가 완료

④ Loop Step 흐름선 정리
  • Loop내에서 수행할 선을 선택. 아래 예제에서는 true를 선택
  • Loop내에서 수행할 Step을 추가. Step이 여러 개인 경우, 7~8번 반복

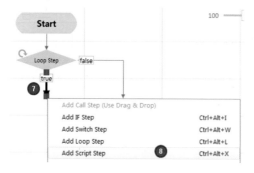

- Loop의 범위를 지정하기 위해 선을 선택하고, Drag & Drop하여 Loop Step으로 연결
- Loop를 빠져나가기 위한 선을 선택하여 수행할 Step에 연결

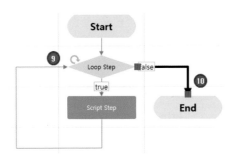

(2) Point Step을 Loop Step으로 변경하기

Point Step을 Loop Step으로 변경할 때에는 Point Step을 마우스로 우클릭하고 'Replace with Loop Step'을 선택한다.

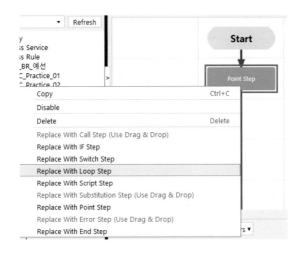

Comment를 입력하고 Step 추가를 완료하여 흐름선을 정리 완료한다.

2. 반복문 실습

2에서 9까지의 자연수를 입력 받아, 입력 받은 수에 해당하는 구구단을
출력하도록 흐름도를 작성하여라.

풀이 ··

[흐름도]

친구들끼리 많이 하는 369게임을 프로그램으로 만들고자 한다. 1에서 99
까지 1씩 증가하면서 숫자에 3,6,9가 들어갈 때마다 숫자와 함께 "짝!!"을
출력하고, 그렇지 않은 경우에는 숫자만 출력하는 흐름도를 작성해 보자.

다양한 절차적 표현

- 흐름도를 구성하는 다양한 절차적 표현을 이해한다.
- 절차적 표현을 이용하여 다양한 흐름도를 만들 수 있다.

DevOn NCD
No Coding Development

Call Step

1. 정의

DevOn NCD에서 다른 BR(Business Rule Service), DA(Data Access Service), SA(Service Access Service) 서비스를 호출하는 절차적 표현이다.

2. 표현 방식

① Studio의 좌측 메인트리에서 Drag & Drop으로 Service를 추가한다. Service의 상태가 'A', 'S'인 경우에만 추가 가능하다.

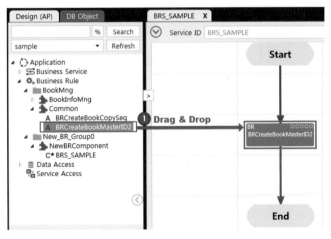

▲ 그림 4-1 Call Step 추가

② 추가할 Step에 대한 Comment를 입력하고

③ Call Step을 호출할 때 사용할 수 있는 option을 선택한다. 선택할 수 있는 option은 관리자 설정에 의해 사용이 가능하고, 세부 기능에 대한 설명은 다음 장에서 설명한다.

④ 데이터테이블 선택 후 Drag & Drop하거나 더블클릭 시 동일한 이름을 갖는 데이터컬럼에 자동으로 맵핑된다.

⑤ 데이터컬럼을 선택 후 원하는 데이터컬럼에 Drag & Drop하거나 더블클릭하여 맵핑한다.

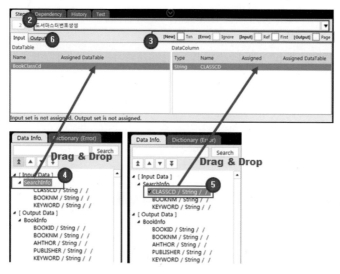

▲ 그림 4-2 Step 탭 설정

맵핑된 데이터테이블을 초기화하는 방법은 두 가지가 있다.

먼저, 특정 데이터테이블의 맵핑 정보만 Clear하고 싶은 경우에는 맵핑 정보를 초기화할 데이터테이블을 선택하고, 마우스 우클릭하여 "Clear Mapping" 메뉴를 선택한다.

모든 데이터테이블의 맵핑 정보를 초기화하고 싶은 경우에는 Input DataTable 영역에서 마우스 우클릭하여 "Clear All Mapping" 메뉴를 선택한다.

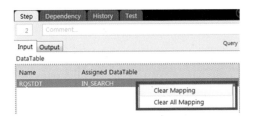

▲ 그림 4-3 테이블 맵핑 정보 초기화

맵핑된 데이터컬럼을 초기화하는 방법은 맵핑 정보를 초기화할 데이터컬
럼을 선택하고, 마우스 우클릭하여 "Clear Mapping" 메뉴를 선택한다.
모든 데이터컬럼의 맵핑 정보를 초기화하고 싶은 경우에는 데이터컬럼이
속한 데이터테이블을 선택하고, 마우스 우클릭하여 "Clear Mapping" 메
뉴를 선택한다.

▲ 그림 4-4 컬럼 맵핑 정보 초기화

⑥ Output 탭을 클릭하고

⑦ 추가할 Step의 Output을 담을 데이터테이블을 선택하여 Drag & Drop하
거나 더블클릭한다.
맵핑된 데이터테이블을 초기화하는 방법은 Input의 것과 동일하다.
Output 데이터컬럼은 호출된 Service와 데이터컬럼명이 동일한 경우에만
맵핑된다.

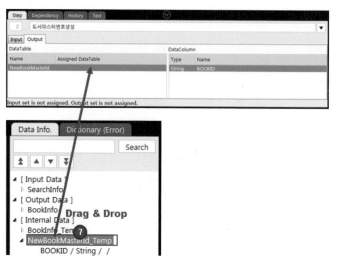

▲ 그림 4-5 Output 탭 맵핑

Canvas 빈 공간을 클릭하여 Call Step 추가 완료한다.

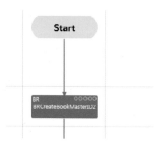

▲ 그림 4-6 Call Step 생성

3. Call Step의 Option 기능

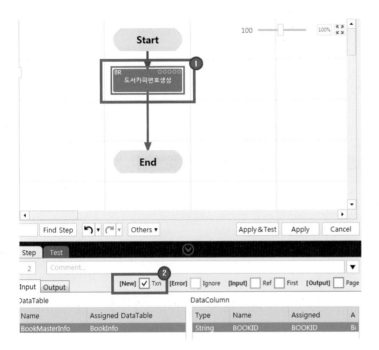

▲ 그림 4-7 New Transaction

Transaction 분리 기능을 사용할 수 있도록 설정한 경우 Call Step 내부에서 Transaction을 분리하여 처리할 수 있다.

① Transaction을 분리하고자 하는 Step을 선택하고,

② Step 탭에서 [New]의 'Txn' 체크박스를 선택한다.
    명시적으로 Commit을 수행하지 않더라도, Transaction 분리를 선택한 Service의 호출이 끝날 때 오류 발생 여부에 따라 Commit / Rollback을 수행한다.

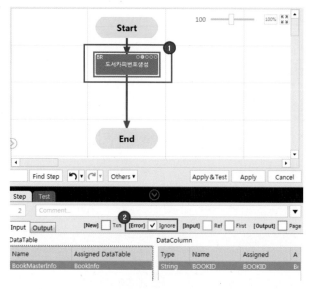

▲ 그림 4-8 Ignore Exception

Ignore Exception 기능을 사용할 수 있도록 설정한 경우 Call Step 내부에서 Exception이 발생하더라도 Main flow가 계속 진행되도록 할 수 있다.

① Ignore Exception을 사용하려는 Step을 선택하고

② Step 탭에서 [Error]의 'Ignore' 체크박스를 선택한다.

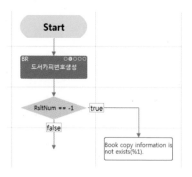

▲ 그림 4-9 Exception 처리 예시

Ignore Exception 처리한 Step 직후 RsltNum == −1인 경우 사용자 오류 처리 로직 수행한다.

▲ 그림 4-10 Exception 처리 실행 결과

RsltMsg에 저장된 Exception 내용을 확인할 수 있다.

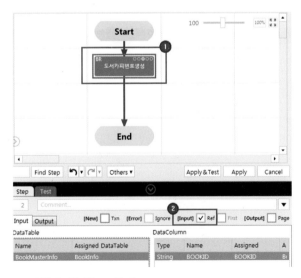

▲ 그림 4-11 User Reference

Use Reference 기능을 사용할 수 있도록 설정한 경우 호출되는 Call Step 내부로 DataSet을 Reference 형태로 전달할 수 있다.

① Data Reference로 전달하려는 Step을 선택하고

② Step 탭에서 [Input]의 'Ref' 체크박스를 선택한다.

주의사항은 하나의 테이블 / 동일한 컬럼명을 가진 경우에만 사용 가능하고, 멀티 테이블 Mapping / 다른 컬럼 Mapping / 행 단위 사용 불가하며, 호출하는 Business Rule의 컬럼 중 일부가 호출당하는 BR에서 누락되어 있는 경우는 허용된다.

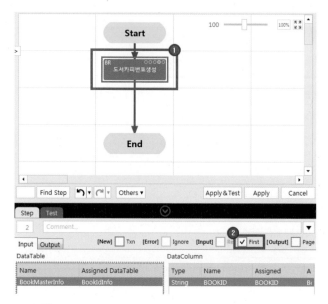

▲ 그림 4-12 Assign First Row

Call Step에서 Input Data를 맵핑할 때, DataTable의 첫번째 Row 데이터만 Assign 할 수 있다.

① Input Data를 맵핑하려는 Step을 선택하고,

② Step 탭의 [Input]의 'First' 체크박스를 선택한다.

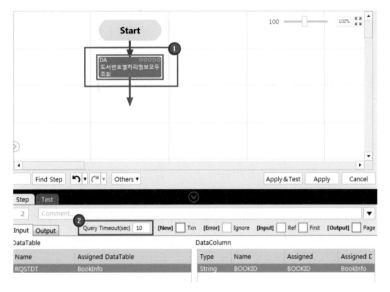

▲ 그림 4-13 Query Timeout

Call Step에서 DataAccess Service를 호출하는 경우 Query Timeout 설정을 할 수 있다.

① Query Timeout을 설정하려는 Step을 선택하고,

② Step 탭의 Query Timeout 시간을 초 단위로 설정한다. '0'으로 입력 시 Query Timeout이 적용되지 않는다.

Script Step

1. 정의

DevOn NCD에서 Java 코드를 직접 실행할 수 있는 절차적 방법이다. DevOn NCD는 Java 기반의 솔루션으로 Java 코드를 프로그래밍하여 실행이 가능하다.

2. 표현 방식

① Script Step을 추가하고자 하는 선을 선택하고, 마우스 우클릭하여 'Add Script Step' 메뉴를 선택한다.

▲ 그림 4-14 Add Script Step

② 추가할 Script Step에 대한 Comment 입력하고

③ 수행할 Script 내용을 입력한다.

④ Script 창 입력 시 우측 Data Info.를 통해 현재 Service에 정의된 Variable 참조 가능하다. Data Info.에서 항목을 더블클릭하면 Script 입

력창에 해당 항목이 자동 추가된다.

dataset.DataSet, dataset.DataRow, dataset.DataTable, java.util.Date,
java.text.SimpleDateFormat, java.math.BigDecimal 등 많이 쓰이는 Java
클래스들은 기본 라이브러리로 추가되어 있어 Script에서 바로 사용 가능
하다. 기본 라이브러리로 추가되어 있지 않은 클래스들은 Full Name으로
사용하여야 한다.

⑤ 'Replace' 버튼을 클릭하여 키워드를 특정 키워드로 전체 변경한다.
⑥ '?' 버튼을 클릭하여 도움말 창을 열고, Script 작성 시 참고할 수 있다.

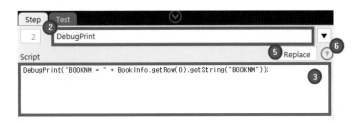

▲ 그림 4-15 Step 탭 입력

Canvas 빈 공간을 클릭하여 Script Step 추가 완료한다.

▲ 그림 4-16 Script Step 생성

Error Step

1. 정의

DevOn NCD에서 사용자 정의 Exception을 발생시키는 절차적 방법이다. 에러 메시지는 Error Dictionary로 별도 관리하도록 되어 있으며, 에러 메시지에 Parameter 전달도 가능하다.

2. 표현 방식

① 우측 Dictionary(Error)에서 추가할 Error Code를 선택하고, Error Step을 추가하고자 하는 선에 Drag & Drop 한다.

우측 Dictionary(Error)에서 Error를 추가 / 수정 / 삭제 가능한데, Business Rule의 Service에서 이미 사용하고 있는 Error의 경우 삭제 불가능하다.

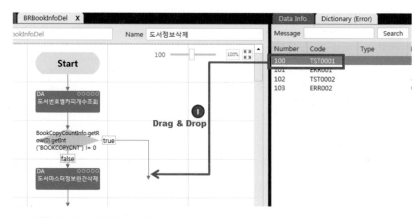

▲ 그림 4-17 Add Error Step

② 원하는 에러 메시지와 번호가 없으면, 우측 Dictionary(Error) Grid에서 마우스 우클릭하여 'Add'를 선택하여 추가한다.

▲ 그림 4-18 Dictionary(Error)

③ Error Number, Code, Type, Message를 입력하고 'OK' 버튼 클릭한다.
Error Number는 일반적으로 순서대로 숫자를 매기는데, Default 값은 기존 Error Number 중 Max 값에 1을 더한 숫자가 보여진다.
Error Code는 별도의 에러 관리 등을 위해 일반적으로 의미 있는 단어의 조합으로 입력한다.
Message에 '%n' 기호가 들어가면 Parameter Grid에서 지정한 변수로 대치된다(%1, %2 등 숫자 오름차순으로 대치).

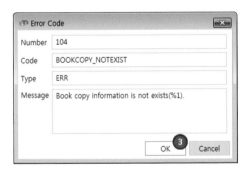

▲ 그림 4-19 Error Code 추가

④ 추가할 Error Step에 대한 Comment 입력한다.

⑤ Error Number와 Message에 선택한 Error Code의 정보가 출력된다. Error Message에 '%n' 기호가 있다면 Parameter Grid에서 마우스 우클릭하여 'Add'를 선택하여 대치할 변수를 추가 및 입력한다.

⑥ Parameter 입력 시 우측 Data Info.를 통해 현재 Service에 정의된 Variable 참조 가능하다. Data Info.의 항목을 더블클릭하면 Parameter Grid에 해당 항목이 자동 입력된다.

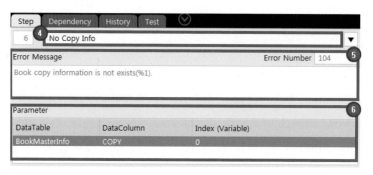

▲ 그림 4-20 Step 탭 설정

Canvas 빈 공간을 클릭하여 Error Step 추가 완료한다.

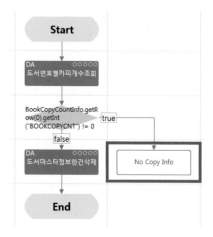

▲ 그림 4-21 Error Step 생성

SECTION 04 Group Step

1. 정의

DevOn NCD에서 Flow Chart 내의 Step들을 그룹핑 범위를 설정하여 대표로 표시하는 절차적 방법이다.

GROUP Step을 선택하면 Sub Flow Chart가 표시되며, 해당 Flow Chart를 편집 가능하다.

GROUP Step을 Ungroup하여 이전 Flow Chart로 표시할 수 있다.

2. 표현 방식

① 그룹핑하고자 하는 Step들을 선택하고, 마우스 우클릭하여 'Group' 선택한다.

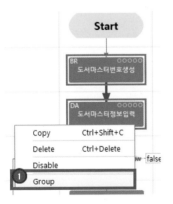

▲ 그림 4-22 Group

② Group Step을 클릭하여 Sub Flow Chart를 표시할 수 있다. Group Step에 표시되는 숫자는, Group Step에 포함되어 있는 Step들의 번호이다.

③ Sub Flow Chart 안에서 편집 가능하다.

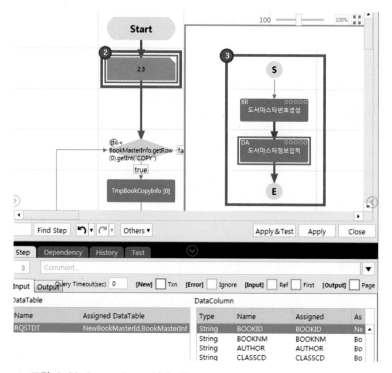

▲ 그림 4-23 Group Step 선택 시

④ Group Step을 선택하고, 마우스 우클릭하여 'Ungroup'을 선택하면 그룹 핑이 없어지고 이전 Flow Chart로 표시된다.

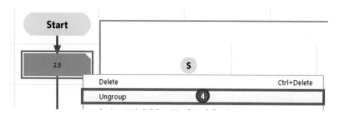

▲ 그림 4-24 Ungroup

Point Step

1. 정의

DevOn NCD에서 다른 Step에 영향을 주지 않고 Flow Chart 선을 정리할 수 있는 절차적 방법이다. 주석 입력이 가능하여, Logic 구조 설계로도 사용 가능하다.

2. 표현 방식

① Point Step을 추가하고자 하는 선을 선택하고, 마우스 우클릭하여 'Add Point Step' 선택한다.

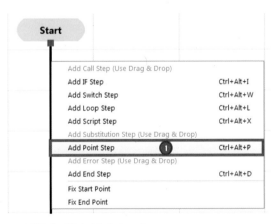

▲ 그림 4-25 Add Point Step

② 입력할 주석이 있다면, Step을 더블클릭하거나 하단 Step 탭에서 내용을 작성한다.

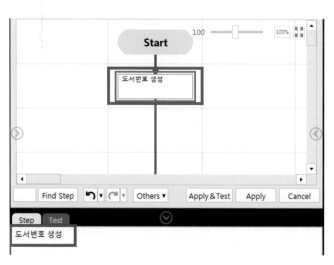

▲ 그림 4-26 주석 입력

③ Canvas 빈 공간을 클릭하여 Point Step 추가 완료한다.

▲ 그림 4-27 Point Step 생성

④ 주석 입력없이 Canvas 빈 공간을 클릭하여도 Point Step 추가 완료가 가능하다.

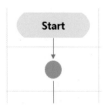

▲ 그림 4-28 Point Step 생성

⑤ 선 정리가 필요한 경우 추가하여 선 정리를 할 수 있다.

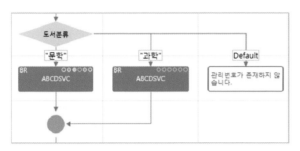

▲ 그림 4-29 선 정리

⑥ 주석 기능을 이용하여 Logic 설계도 가능하다.

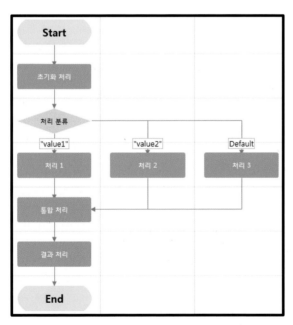

▲ 그림 4-30 Logic 설계

End Step

1. 정의

DevOn NCD에서 Flow의 종료를 알리는 절차적 방법이다. Service 생성 시 기본적으로 생성되지만 사용자가 추가 가능하다.

2. 표현 방식

① End Step을 추가하고자 하는 선을 선택하고, 마우스 우클릭하여 'Add End Step' 선택한다.

▲ 그림 4-31 Add End Step

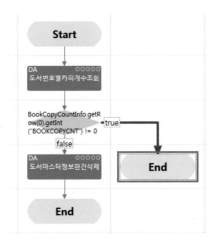

▲ 그림 4-32 End Step 생성

05

데이터 활용

- 데이터 관리와 데이터베이스에 대한 기본 개념을 학습한다.
- 데이터를 표현하기 위한 관계형 데이터 모델에 대해 이해한다.
- 관계형 데이터베이스를 위한 SQL의 기본 문법을 학습하고 실습해본다.

DevOn NCD
No Coding Development

SECTION 01

데이터베이스 개요

기업과 같은 조직에서는 데이터를 관리하는 것이 매우 중요하다. 기업에서는 아주 다양한 종류의 데이터를 관리해야 하는데, 예를 들자면 고객 정보, 상품 정보, 기업의 회계 정보, 직원 인사 정보 등이 있다. 일반적인 기업뿐만 아니라 대학에서는 학생 및 교직원에 관련된 정보들을 체계화하여 관리하는 것이 매우 중요하듯이 조직에서 데이터 관리는 필수적이다.

컴퓨터 공학자들과 소프트웨어 개발자들은 오래전부터 대량의 데이터를 효율적이고 편리하게 관리할 수 있는 방법에 대해 고민해왔다. 데이터를 체계화하고 정리하여 다양한 업무에 활용할 수 있도록 정리한 집합을 데이터베이스(Database)라 부른다. 그리고 데이터베이스를 구축하고 데이터를 쉽게 정리할 수 있도록 해주는 도구를 데이터베이스 관리도구(Database-management System, DBMS)라 부른다. 데이터베이스 구축에 있어서 DMBS는 반드시 필요한 존재가 되었다. DBMS는 데이터 정리뿐만 아니라 정리되어 저장된 데이터를 쉽게 불러오고 수정할 수 있는 기능을 제공한다.

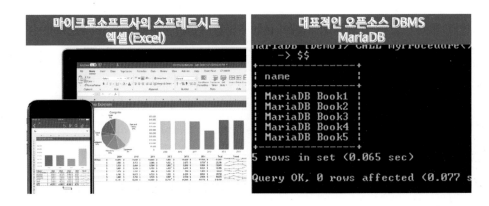

일반적으로 적은 양의 데이터는 데이터를 스프레드시트(Spreadsheet) 프로그램으로도 필요한 작업을 수행할 수 있지만, 프로그램이 데이터베이스에 접근하여 데이터를 추가 / 조회 / 변경 / 삭제를 쉽게 하기 위해서는 DBMS의 도움이 필수적이다. DBMS는 데이터베이스 관리에서 다음의 문제들을 쉽게 해결하는 데 도움을 준다.

- **중복되거나 일관되지 않은 데이터 정리의 어려움**: 데이터가 점차 쌓여가면서 서로 중복되어 불필요하거나 규칙에 어긋나는 데이터들이 저장될 수 있다. DBMS는 중복 제거나 일관성 검사를 쉽게 수행할 수 있도록 도움을 준다.
- **데이터 접근 방법의 어려움**: 데이터베이스를 구축하는 것과는 별개로 다른 소프트웨어나 사용자에게 데이터에 접근할 수 있도록 방법을 제공해야 하는데 이러한 접근 방법을 새로 만드는 것은 추가적인 시간과 노력이 필요하다. 또한 여러 프로그램이나 사용자가 동시에 데이터베이스를 수정하려고 할 때에는 동시 접근을 제어하여 데이터가 의도대로 저장되거나 조회될 수 있어야 한다. DBMS는 이렇게 데이터베이스에 접근할 수 있는 방법을 함께 제공한다.
- **데이터의 무결성 유지의 어려움**: 데이터베이스를 구축했다 하더라도 단순히 파일이나 메모리에 저장만 하게 되면 소프트웨어 오류나 기계의 오류로 인해 데이터에 변형이 올 수 있다. 이를 무결성(Integrity)이 깨졌다고 말한다. DBMS는 이러한 데이터의 무결성을 검사하고 복구할 수 있도록 도움을 준다.

최근에 주요하게 사용되는 데이터베이스들은 데이터를 어떻게 저장하고 관리하는지에 따라 관계형(Relational) 데이터베이스와 Key-Value Store(KVS)로 분류된다. 관계형 데이터베이스는 데이터를 구분하는 키(Key)와 데이터의 실제 값(Value)들의 관계를 테이블(Table) 형태로 나타낸 데이터베이스이다. 예를 들어 물건 판매 관리를 위한 관계형 데이터베이스에서 테이블 A는 고객들의 어떤 상품을 주문했는지에 대한 정보를 가질 수 있고, 테이블 B는 모든 상품에 대한 정보를 가질 수 있다. 관계형 데이터베이스에서는 '테이블 A가 테이블 B의 데이터를 참조하고 있다' 같은 관계를 나타낼 수 있다. 이와 달리 KVS는 어떤 값에 대해 단순히 키(Key)를 대응시켜 저장하는 데이터베이스이다. 즉, 데이터를 식별하는 키 값만 가지고 데이터를 생성 / 읽기 / 변경 / 제거 등을 수행한다.

관계형 모델

관계형 모델은 실제 세계를 표현하는 데이터들을 관계(Relation)라는 개념을 통해 추상화하여 표현한 데이터 모델이다. 풀어 쓰면 실세계의 데이터와 이 데이터 간의 관계를 2차원의 테이블로 표현하는 모델이다. 이해를 돕기 위해 도서관에 있는 책들로 예를 들어보자. 도서관에 비치되어 있는 책은 같은 책을 여러 권 사서 비치하기도 하고, 도서관에서 관리하기 위해 분류 정보 등을 추가적으로 관리하고 있다. 또한 책의 대출 정보와 같은 추상적인 정보들도 있다. 이런 정보들을 테이블로 한번 나타내 보자.

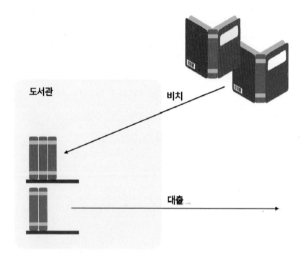

▲ 그림 5-1 도서관에 비치된 책 간의 관계

각 테이블의 열은 해당 데이터들의 속성을 나타내고, 각 테이블의 행은 해당 속성을 지닌 하나의 데이터(튜플이나 레코드라고도 부른다)를 나타낸다. 위에서 예로 든 책, 도서관에 비치된 책, 대출 상태들을 테이블로 만들어보자.

책 아이디	책 이름	저자	도서분류	키워드
E202100092	CDN을 공부하자	김한빛	50	컴퓨터
E199900021	데이터베이스 개론	데이비드 킴	50	컴퓨터

▲ 그림 5-2 실제 책에 대한 정보의 테이블

책의 속성은 책의 아이디, 책 이름, 저자, 도서관에서 책을 관리하기 위한 도서 분류 코드, 키워드 등이 있을 수 있다. 이런 속성은 표의 열로 나타내게 된다. "CDN을 공부하자", "데이터베이스 개론"이라는 책이 있다고 할 때 이는 표의 행으로 표현할 수 있다.

책 아이디	시리얼 번호	등록날짜	상태 코드
E202100092	1	2021.05.23	01
E202100092	2	2021.05.23	00
E199900021	1	2008.10.21	01

▲ 그림 5-3 도서관에 비치된 책에 대한 정보의 테이블

도서관에 비치된 책은 같은 책을 여러 권 구비해 놓기 때문에 같은 책 아이디를 가질 수 있다. 이를 구분하기 위해 시리얼 번호를 따로 두어 이를 구분한다. 이는 나중에 다룰 튜플의 유일성과 관련이 있다. 그리고 이 책을 구비한 날짜, 대출 가능 여부를 나누는 상태 코드 등의 속성을 가질 수 있다.

책 아이디	시리얼 번호	반납 예정일	상태 코드
E202100092	1	2021.11.23	01
E199900021	1	2021.11.23	01

▲ 그림 5-4 대출 정보를 나타내는 테이블

비치된 책의 대출 정보도 테이블로 표현할 수 있다. 책 아이디와 시리얼 번호로 해당 책을 구분할 수 있다. 이러한 대출 정보는 반납 예정일과 반납 상태 등의 정보를 더 가질 수 있다.

코드	코드 분류	코드명
50	01	기술과학
00	01	대출가능
01	01	대출중
02	01	대출

▲ 그림 5-5 상태 코드명을 관리하는 테이블

　　[그림 5−2], [그림 5−3]과 같이 실제 세상의 데이터를 관리하는 책 정보 외에 [그림 5−4]와 같이 책 대출 정보라는 추상적인 데이터도 테이블로 만들 수 있다. 뿐만 아니라 [그림 5−5]와 같이 상태 코드와 같은 정보도 테이블로 만들 수 있다.

　　위에서 살펴보았듯이 각 테이블은 속성을 의미하는 컬럼을 가지고 있다. 이러한 테이블의 논리적인 구조를 스키마(Schema)라고 한다. 스키마를 구성하는 구성요소에는 테이블의 속성 외에도 기본 키(Primary Key), 외래 키(Foreign Key) 등이 있다.

　　기본 키는 각 튜플이 가지고 있는 속성 중 다른 튜플과 겹치지 않고 각 튜플을 대표할 수 있는 속성들을 의미한다. 예를 들어 [그림 5−2]에서 실제 책에 대한 정보를 가지고 있는 테이블을 살펴보자. 실제 책 튜플들은 책 아이디를 통해 각 튜플을 구별할 수 있고 절대 겹치지 않는다. 따라서 책 아이디가 기본 키가 될 수 있다. [그림 5−3]에서의 도서관에 비치된 책 테이블을 보면, 같은 책이 여러 권 비치될 수 있기 때문에 단순히 책 아이디만으로는 각 튜플이 구분되지 않는다. 책 아이디와 시리얼 번호를 기본 키로 한다면 각 튜플을 구분할 수 있게 된다. 같은 이름의 속성이더라도 각 테이블 마다 기본 키는 다를 수 있다.

　　외래 키는 테이블 간의 연관 관계를 표현하기 위해 필요한 속성이다. 테이블 A가 테이블 B에 있는 데이터를 참조하고 싶다면 테이블 B의 기본 키를 테이블 A의 외래 키로 속성을 추가하면 된다. 위에서 예를 들었다시피, [그림 5−2]의 테이블의 기본 키는 책 아이디이다. 도서관에서 비치한 책은 실제 책과 연관이 있기 때문에 이를 표현하기 위해서는 외래 키가 필요하다. 따라서 [그림 5−3]

의 테이블에서 [그림 5−2]의 테이블을 참조하고 있기 때문에 [그림 5−2] 테이블의 기본 키인 책 아이디를 [그림 5−3] 테이블에서 외래 키로 지정할 수 있다. 독자 여러분도 직접 기본 키, 외래 키를 찾아보길 바란다.

테이블의 스키마를 정의하는 것은 테이블의 구조를 정의하여 뼈대를 만드는 것이다. 이제는 정의한 테이블에 데이터를 추가 / 읽기 / 변경 / 제거 등의 작업을 해야 한다. 이러한 작업들은 다음 절에서 다루는 SQL을 통해 할 수 있다.

SQL 소개

SQL(Structured Query Language)은 관계형 데이터베이스 관리 시스템(RDBMS, Relational Database Management System)에서 자료의 검색과 관리, 데이터베이스 스키마 생성과 수정, 데이터베이스 객체 접근 조정 관리를 위해 설계된 특수 목적의 프로그래밍 언어이다. 최초의 SQL은 1970년대 초 IBM의 준 관계형 데이터베이스 관리 시스템인 시스템 R을 위해 개발되었으며, 이후 여러 데이터베이스 관리 시스템에서 지원하며 관계형 데이터베이스 언어의 표준으로 자리잡게 되었다.

SQL 문법은 크게 세 가지의 종류로 구성된다.

- 데이터 정의 언어(DDL: Data Definition Language): 관계 스키마의 정의, 삭제, 수정과 관련된 명령어들로 구성된다.
- 데이터 조작 언어(DML: Data Manipulation Language): 데이터베이스로부터 데이터를 질의, 삽입, 삭제, 수정할 수 있는 명령어들로 구성된다.
- 데이터 제어 언어(DCL: Data Control Language): 데이터베이스에 대한 접근을 제어하기 위한 명령어들로 구성된다.

1. 데이터 정의 언어

(1) CREATE 명령어

CREATE 명령어는 새로운 데이터베이스, 테이블, 인덱스 등을 만들기 위한 명령어이며, 일반적으로 많이 쓰이는 CREATE TABLE의 일반적인 사용법은 다음과 같다.

```
CREATE TABLE [테이블 이름] ( [컬럼 정의] ) [테이블 파라미터] ;
```

컬럼 정의는 콤마로 구분된 다음 내용을 포함할 수 있다.
- 컬럼 정의: [컬럼 이름] [데이터 타입] {NULL | NOT NULL} {컬럼 옵션}
- Primary key 정의: PRIMARY KEY ([콤마로 구분된 컬럼 리스트])
- 제약조건: CONSTRAINT [제약조건 정의]
- RDBMS별 특수기능

사용법의 예는 다음과 같다.

```
CREATE TABLE bookinfo (
    BOOKID      VARCHAR(9),
    BOOKTITLE   VARCHAR(50)  NOT NULL,
    AUTHOR      VARCHAR(30)  NOT NULL,
    CATEGORY    VARCHAR(2),
    PRIMARY KEY ( BOOKID )
);
```

위 쿼리는 다음과 같은 테이블을 생성하게 된다.

BOOKID	BOOKTITLE	AUTHOR	CATEGORY	KEYWORD

이때 각 컬럼의 속성은 다음과 같다.
- BOOKID는 최대 9자까지 저장 가능한 가변 문자열 타입의 데이터를 저장할 수 있고, Primary Key로 설정되어 있다.
- BOOKTITLE은 최대 50자까지 저장 가능한 가변 문자열 타입의 데이터를 저장할 수 있고, NULL값을 저장할 수 없는 제약조건이 설정되어 있다.
- AUTHOR은 최대 30자까지 저장 가능한 가변 문자열 타입의 데이터를 저장할 수 있고, NULL값을 저장할 수 없는 제약조건이 설정되어 있다.

• CATEGORY는 최대 2자까지 저장 가능한 가변 문자열 타입의 데이터를 저장할 수 있다.

(2) DROP 명령어

DROP 명령어는 기존에 존재하던 데이터베이스, 테이블, 인덱스 등을 제거하기 위한 명령어이며, 일반적인 사용법은 다음과 같다.

```
DROP [객체 타입] [객체 이름] ;
```

예를 들어, 앞서 만들었던 bookinfo 테이블을 삭제하기 위한 명령어는 다음과 같다.

```
DROP TABLE bookinfo ;
```

위 명령어를 수행하고 나면 bookinfo 테이블 자체가 데이터베이스에서 삭제되게 된다.

(3) ALTER 명령어

ALTER 명령어는 기존에 존재하던 데이터베이스, 테이블, 인덱스 등을 수정하기 위한 명령어이며, 일반적인 사용법은 다음과 같다.

```
ALTER [객체 타입] [객체 이름] [파라미터] ;
```

객체 타입은 DATABASE, TABLE, INDEX 등이 될 수 있으며, 이에 따라 이후 파라미터와 동작정의가 달라지게 된다.

사용법의 예는 다음과 같다.

```
ALTER TABLE bookinfo ADD KEYWORD VARCHAR(30) NOT NULL ;
```

위 쿼리는 앞서 생성한 bookinfo 테이블에 새로운 컬럼인 KEYWORD 컬럼을 생성하게 된다.

BOOKID	BOOKTITLE	AUTHOR	CATEGORY	KEYWORD

또한, 컬럼을 삭제하기 위한 쿼리의 예는 다음과 같다.

```
ALTER TABLE bookinfo DROP COLUMN KEYWORD ;
```

위 쿼리는 방금 생성한 KEYWORD 컬럼을 다시 삭제하게 된다.

(4) TRUNCATE 명령어

TRUNCATE 명령어는 table에서 모든 데이터를 지우기 위한 명령어로, DROP 명령어와는 달리 테이블 자체를 지우지는 않는다.

사용법의 예는 다음과 같다.

```
TRUNCATE TABLE [테이블 이름] ;
```

2. 데이터 조작 언어

(1) INSERT 명령어

INSERT 명령어는 새로운 레코드를 테이블에 삽입하기 위한 명령어이며, 일반적인 사용법은 다음과 같다.

```
INSERT INTO [테이블 이름] ( [컬럼 이름] ) VALUES ( [값] ) ;
```

예를 들어, 앞서 만들었던 bookinfo 테이블에 값을 삽입하기 위한 명령어는 다음과 같다.

```
INSERT INTO bookinfo (BOOKID, BOOKTITLE, AUTHOR, CATEGORY)
VALUES ( '1111', 'book1', 'author1' '10' );
```

앞의 컬럼 이름은 생략할 수도 있으며, 이 경우 뒤의 VALUES의 값은 테이블 컬럼의 순서대로 삽입되게 된다.

```
INSERT INTO bookinfo VALUES ( '1112', 'book2', 'author2' '20' );
```

위 쿼리들은 다음과 같은 레코드를 테이블에 삽입하게 된다.

BOOKID	BOOKTITLE	AUTHOR	CATEGORY
1111	book1	author1	10
1112	book2	author2	20

(2) SELECT 명령어

SELECT 명령어는 레코드를 질의하기 위한 명령어이며, SQL 명령어 중 가장 복잡한 명령어이다. 일반적인 사용법은 다음과 같다.

```
SELECT [컬럼 이름] FROM [테이블 이름] WHERE [질의 조건];
```

예를 들어 앞서 만들었던 bookinfo 테이블에서 BOOKID를 질의하기 위한 쿼리문은 다음과 같이 작성할 수 있다.

```
SELECT BOOKID FROM bookinfo;
```

위 쿼리는 다음과 같은 결과를 출력하게 된다.

BOOKID
1111
1112

bookinfo 테이블에서 모든 컬럼과 모든 데이터를 질의하기 위해서는 다음과 같은 쿼리문을 수행하면 된다.

```
SELECT * FROM bookinfo;
```

위 쿼리는 다음과 같은 결과를 출력하게 된다.

BOOKID	BOOKTITLE	AUTHOR	CATEGORY
1111	book1	author1	10
1112	book2	author2	20

bookinfo 테이블에서 CATEGORY가 20인 BOOKID를 질의하기 위해서는 다음과 같은 쿼리문을 수행하면 된다.

```
SELECT BOOKID FROM bookinfo WHERE CATEGORY = '20' ;
```

위 쿼리는 다음과 같은 결과를 출력하게 된다.

BOOKID
1112

이 외에도 SELECT 명령어는 JOIN, GROUP BY, ORDER BY구문들을 통해 복잡한 질의를 수행할 수 있도록 한다.

(3) UPDATE 명령어

UPDATE 명령어는 레코드를 수정하기 위한 명령어이다. 일반적인 사용법은 다음과 같다.

```
UPDATE [테이블 이름] SET [컬럼 이름 = 값, ... ] WHERE [질의 조건];
```

예를 들어 앞서 만들었던 bookinfo 테이블에서 BOOKID가 1111인 레코드의 BOOKTITLE을 book3으로 변경하기 위한 쿼리문은 다음과 같이 작성할 수 있다.

```
UPDATE books SET BOOKTITLE = 'book3' WHERE BOOKID = 1111;
```

위 명령어를 수행하면 BOOKID가 1111인 레코드의 BOOKNM이 book3으로 변경되게 된다. 이를 확인하기 위해 SELECT 명령어를 수행하여 books 테이블의 레코드를 불러와보면 다음과 같이 테이블의 레코드가 변경된 것을 확인할 수 있다.

```
SELECT * FROM books;
```

BOOKID	BOOKTITLE	AUTHOR	CATEGORY
1111	book3	author1	10
1112	book2	author2	20

(4) DELETE 명령어

DELETE 명령어는 레코드를 삭제하기 위한 명령어이다. 일반적인 사용법은 다음과 같다.

```
DELETE FROM [테이블 이름] WHERE [질의 조건];
```

예를 들어 앞서 만들었던 bookinfo 테이블에서 BOOKID가 1111인 레코드를 삭제하기 위한 쿼리문은 다음과 같이 작성할 수 있다.

```
DELETE FROM bookinfo WHERE BOOKID = 1111;
```

위 명령어를 수행하면 BOOKID가 1111인 레코드가 삭제되게 된다. 이를 확인하기 위해 SELECT 명령어를 수행하여 books 테이블의 레코드를 불러와 보면 다음과 같이 테이블의 레코드가 변경된 것을 확인할 수 있다.

```
SELECT * FROM bookinfo;
```

BOOKID	BOOKTITLE	AUTHOR	CATEGORY
1112	book2	author2	20

테이블의 모든 레코드를 삭제하기 위해 다음과 같이 질의조건 절 없이 쿼리문을 작성할 수도 있다.

```
DELETE FROM bookinfo;
```

위 명령어를 수행하면 books 테이블의 모든 레코드가 삭제되게 된다.

3. 다중 관계형 스키마에서의 SQL

다중 관계형 스키마에서의 SQL 쿼리문을 더욱 자세히 알아보기 위해 2절에서 설명한 스키마를 실제로 SQL 문법을 이용해 정의하고 질의하는 예제와 이를 실제 RDBMS 서버에서 실행하여 결과를 확인해 보도록 한다.

(1) 다중 관계 스키마 정의

2절에서 설명한 스키마를 SQL을 이용해 테이블 생성구문을 만들기 위해서는 다음과 같은 쿼리문을 사용하면 된다.

```
CREATE TABLE codeinfo (
    CODE VARCHAR(2) NOT NULL,
    CODETYPE VARCHAR(2) NOT NULL,
    CODEDESC VARCHAR(50) NOT NULL,
    PRIMARY KEY(CODE, CODETYPE)
);
```

위 쿼리문은 codeinfo 테이블을 생성하고, CODE컬럼과 CODETYPE 컬럼에 Primary key를 설정한다.

```
CREATE TABLE bookinfo(
    BOOKID VARCHAR(50) NOT NULL,
    BOOKTITLE VARCHAR(50) NOT NULL,
    AUTHOR VARCHAR(30),
    CATEGORY VARCHAR(2) NOT NULL,
    KEYWORD VARCHAR(30),
    PRIMARY KEY(BOOKID),
    FOREIGN KEY(CATEGORY) REFERENCES codeinfo(CODE)
);
```

위 쿼리문은 bookinfo 테이블을 생성하고, BOOKID 컬럼에 Primary key를 설정한다. 또한 CATEGORY 컬럼을 codeinfo 테이블의 CODE를 참조하는 외래 키로 설정하도록 한다.

```
CREATE TABLE bookcopies(
    BOOKID VARCHAR(50) NOT NULL,
    SERIALNO INT NOT NULL,
    REGDATE VARCHAR(8),
    STATUS VARCHAR(2),
PRIMARY KEY(BOOKID, SERIALNO),
    FOREIGN KEY(BOOKID) REFERENCES bookinfo(BOOKID),
FOREIGN KEY(STATUS) REFERENCES codeinfo(CODE),
);
```

위 쿼리문은 bookcopies 테이블을 생성하고, BOOKID, SERIALNO 컬럼에 Primary key를 설정한다. 또한 BOOKID 컬럼을 bookinfo 테이블의 BOOKID를 참조하는 외래 키로 설정하고, STATUS 컬럼을 codeinfo 테이블의 CODE를 참조하는 외래 키로 설정한다.

```
CREATE TABLE bookrentinfo(
    BOOKID VARCHAR(50) NOT NULL,
    SERIALNO INT NOT NULL,
    RETURNDATE TIMESTAMP,
    RENTSTATUS VARCHAR(2),
    PRIMARY KEY(BOOKID, SERIALNO),
FOREIGN KEY(BOOKID, SERIALNO) REFERENCES bookcopies(BOOKID,
SERIALNO)
    FOREIGN KEY(RENTSTATUS) REFERENCES codeinfo(CODE)
);
```

위 쿼리문은 bookrentinfo 테이블을 생성하고, BOOKID, SERIALNO 컬럼에 Primary key를 설정한다. 또한 BOOKID 컬럼과 SERIALNO컬럼을 *bookcopies* 테이블의 BOOKID와 SERIALNO를 참조하는 외래 키로 설정하고, RENTSTATUS 컬럼을 codeinfo 테이블의 CODE를 참조하는 외래 키로 설정한다.

위 쿼리문들을 실행하고, 각 테이블이 잘 만들어졌는지 확인해 보기 위해 다음 쿼리를 사용하도록 한다.

```
DESCRIBE [테이블 이름];
```

각 테이블 별 쿼리와 실행 결과는 다음과 같다.

```
DESCRIBE codeinfo;

Field    |Type       |Null|Key|Default|Extra|
--------+-----------+----+---+-------+-----+
code     |varchar(2) |NO  |PRI|       |     |
codetype|varchar(2) |NO  |PRI|       |     |
codedesc|varchar(50)|NO  |   |       |     |
```

```
DESCRIBE bookinfo;

Field    |Type       |Null|Key|Default|Extra|
---------+-----------+----+---+-------+-----+
bookid   |varchar(50)|NO  |PRI|       |     |
booktitle|varchar(50)|NO  |   |       |     |
author   |varchar(30)|YES |   |       |     |
category |varchar(2) |NO  |MUL|       |     |
keyword  |varchar(30)|YES |   |       |     |
```

```
DESCRIBE bookcopies;

Field    |Type       |Null|Key|Default|Extra|
--------+-----------+----+---+-------+-----+
bookid   |varchar(50)|NO  |PRI|       |     |
serialno|int(11)     |NO  |PRI|       |     |
regdate  |varchar(8) |YES |   |       |     |
status   |varchar(2) |YES |MUL|       |     |
```

```
DESCRIBE bookrentinfo;

Field       |Type          |Null|Key|Default|Extra|
----------+-----------+----+---+-------+-----+
bookid      |varchar(50)|NO  |PRI|       |     |
serialno    |int(11)    |NO  |PRI|       |     |
returndate|timestamp  |YES |   |       |     |
rentstatus|varchar(2) |YES |MUL|       |     |
```

(2) 다중 관계 스키마 질의

우선 만들어진 테이블을 사용하기 위해 테이블에 데이터를 채워 넣기 위한 SQL 질의문부터 알아보도록 한다.

데이터를 채워 넣기 위해서는 앞서 설명한 INSERT 명령어를 사용하면 되는데, 아래 쿼리문은 codeinfo 테이블에 예시 데이터를 채워넣기 위한 INSERT 명령어의 예시이다.

```
INSERT INTO codeinfo
('00', '00', '코드분류'),
('01', '00', '도서분류'),
('02', '00', '도서상태'),
('03', '00', '대출반납구분'),
('00', '02', '대출가능'),
('01', '02', '대출중'),
('00', '03', '대출'),
('01', '03', '반납'),
('00', '01', '총류'),
('10', '01', '철학'),
('20', '01', '종교');
```

위 명령어를 통해 codeinfo 테이블에 코드분류에 대한 정의 예제 데이터를 채워넣도록 한다.

그리고 데이터가 잘 들어갔는지 확인을 위해 codeinfo 테이블의 전체 데이터 질의를 위해 아래 쿼리문을 사용하도록 한다.

```
SELECT * FROM codeinfo;

code|codetype|codedesc|
----+--------+--------+
00  |00      |코드분류    |
00  |01      |총류      |
00  |02      |대출가능    |
00  |03      |대출      |
01  |00      |도서분류    |
01  |02      |대출중     |
01  |03      |반납      |
02  |00      |도서상태    |
03  |00      |대출반납구분  |
10  |01      |철학      |
20  |01      |종교      |
```

SELECT 명령어 실행 결과, codeinfo 테이블에 정의한데로 데이터가 잘 들어간 것을 확인할 수 있다.

위에서 설명한 INSERT 명령어를 활용하여 각 테이블에 예제 데이터를 적당히 채워 넣은 뒤 이후 질의 예제를 수행하도록 한다.

이후 질의는 도서 대출 관리 시스템을 예제로 쿼리문과 그 결과에 대해 설명한다.

1) 도서 조회

도서의 조회를 위해서 bookinfo 테이블에 대한 SELECT 명령어로 질의를 수행해야 한다. 가장 간단한 쿼리는 다음과 같다.

```
SELECT * FROM bookinfo;

bookid|booktitle |author |category|keyword|
------+----------+-------+--------+-------+
1       |역사란 무엇인가 |E. H. 카|90       |역사     |
2       |부의 미래     |앨빈 토플러 |30       |미래 경제  |
3       |어린왕자      |생텍쥐페리  |50       |        |
4       |제3의 물결    |앨빈 토플러 |30       |미래     |
5       |코스모스      |칼 세이건  |50       |우주     |
6       |수학의 정석    |홍성대    |50       |수학     |
7       |지금 잠이 옵니까?|홍사덕    |10       |숙면     |
```

만약 특정 컬럼의 값을 기준으로 조회를 하고 싶다면 SELECT 명령어의
WHERE 절을 사용하면 되고, AUTHOR 컬럼의 값이 '앨빈 토플러'인 레코드를
질의하는 쿼리는 다음과 같다.

```
SELECT * FROM bookinfo WHERE AUTHOR = '앨빈 토플러' ;

bookid|booktitle|author|category|keyword|
------+---------+------+--------+-------+
2       |부의 미래    |앨빈 토플러|30       |미래 경제  |
4       |제3의 물결   |앨빈 토플러|30       |미래     |
```

또는, 텍스트 기반으로 AUTHOR 컬럼의 값에 '홍'이 들어가는 레코드를 질의
하고 싶다면, WHERE 절에 LIKE 비교자와 % 값을 통해 수행할 수 있다.

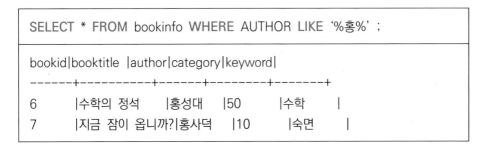

```
SELECT * FROM bookinfo WHERE AUTHOR LIKE '%홍%' ;

bookid|booktitle |author|category|keyword|
------+----------+------+--------+-------+
6       |수학의 정석    |홍성대  |50       |수학     |
7       |지금 잠이 옵니까?|홍사덕  |10       |숙면     |
```

만약 여러 테이블에 걸쳐서 데이터를 조회하고 싶다면, 예를 들어, bookinfo 의 CODE의 값이 의미하는 도서분류의 설명을 codeinfo 테이블의 CODEDESC 에서 조회해와서 한번에 보고싶다면, SELECT 명령어의 FROM 절 안에서 JOIN 명령어를 사용하면 된다.

다음 쿼리는 bookinfo의 레코드와 bookinfo의 CATEGORY 컬럼값에 맞는 CODE값을 codeinfo 테이블에서 찾아서 codeinfo 테이블의 CODEDESC 컬럼을 같이 반환해주는 쿼리이다.

```
SELECT bookinfo.*, codeinfo.CODEDESC FROM bookinfo
    JOIN codeinfo ON bookinfo.CATEGORY = codeinfo.CODE AND
    codeinfo.CODETYPE = '01';

bookid|booktitle |author  |category|keyword|codedesc|
------+----------+--------+--------+-------+--------+
1     |역사란 무엇인가 |E. H. 카|90      |역사    |역사     |
2     |부의 미래    |앨빈 토플러 |30      |미래 경제 |사회과학   |
3     |어린왕자     |생텍쥐페리  |50      |       |기술과학   |
4     |제3의 물결   |앨빈 토플러 |30      |미래    |사회과학   |
5     |코스모스     |칼 세이건  |50      |우주    |기술과학   |
6     |수학의 정석   |홍성대    |50      |수학    |기술과학   |
7     |지금 잠이 옵니까?|홍사덕   |10      |숙면    |철학     |
```

위 쿼리는 자세히 살펴보자면, 먼저 SELECT 명령어 다음 선택 대상 컬럼 이름에 테이블 명을 명시하였는데, 이는 bookinfo 테이블 뿐 아니라 JOIN을 통하여 codeinfo 테이블의 정보까지 함께 불러오기 때문이다. FROM 절에서는 JOIN [테이블명] ON [질의조건]의 형태를 가지는 JOIN 명령어를 통해 bookinfo 테이블과 codeinfo 테이블을 합칠 수 있도록 한다. 질의조건에는 bookinfo의 CATEGORY 컬럼과 codeinfo의 CODE컬럼의 값이 같으면서 codeinfo의 CODETYPE이 01일 경우로 제한하여 도서분류타입의 코드값에 관한 코드 설명 값만 합쳐질 수 있도록 한다.

JOIN에 대해 조금 더 자세히 설명하자면, JOIN은 크게 4가지의 INNER, LEFT, RIGHT, OUTER / FULL JOIN으로 분류할 수 있다. INNER JOIN은 JOIN 조건에 만족하는 데이터가 원래 테이블 A와 합치려는 테이블 B 모두에 존재해 야만 반환하는 JOIN방식이다. LEFT JOIN은 A의 모든 데이터를 반환하고, B에 서는 JOIN 조건에 만족하는 데이터만 반환하는 방식이다. RIGHT JOIN은 반대 로 B의 모든 데이터를 반환하고, A에서는 JOIN 조건에 만족하는 데이터만 반환 하는 방식이다. FULL JOIN은 JOIN 조건에 관계없이 모든 데이터를 선택하는 JOIN 방식이다.

이를 벤 다이어그램으로 표시하면 다음과 같다.

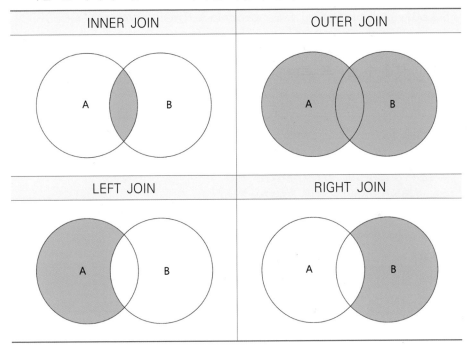

위 예제 쿼리문에서는 JOIN의 타입을 지정하지 않고 JOIN이라고만 썼는데, 이는 기본값으로 INNER JOIN을 뜻한다.

2) 도서 카피 조회

도서관이 소장하고 있는 도서 카피의 조회를위해서 bookcopies 테이블에 대한 SELECT 명령어로 질의를 수행해야 한다. bookcopies 테이블은 도서에 대한 직접적인 정보를 가지고 있지 않고, 도서 정보를 가지고 있는 bookinfo 테이블에 대한 관계 정보만 가지고 있으므로, 마찬가지로 JOIN을 사용하여 도서 정보도 함께 가져와서 보여줄 수 있도록 해야 한다.

아래는 bookcopies 테이블에서 책의 대출 가능 상태와 책의 제목과 저자와 함께 보여주는 쿼리문이다.

```
SELECT bookinfo.BOOKTITLE, bookinfo.AUTHOR, codeinfo.CODEDESC
FROM bookcopies
    JOIN bookinfo ON bookcopies.BOOKID = bookinfo.BOOKID
    JOIN codeinfo ON bookcopies.STATUS = codeinfo.CODE AND
codeinfo.CODETYPE='02';
```

```
booktitle |author |codedesc|
----------+-------+--------+
역사란 무엇인가  |E. H. 카|대출가능     |
부의 미래      |앨빈 토플러 |대출가능     |
어린왕자       |생텍쥐페리 |대출가능     |
제3의 물결     |앨빈 토플러 |대출가능     |
코스모스       |칼 세이건  |대출가능     |
수학의 정석     |홍성대    |대출가능     |
수학의 정석     |홍성대    |대출가능     |
지금 잠이 옵니까?|홍사덕    |대출가능     |
```

위 쿼리문을 살펴보면, 먼저 SELECT 명령어 뒤 컬럼 선택을 bookinfo 테이블의 BOOKTITLE, AUTHOR, 그리고 codeinfo 테이블의 CODEDESC 컬럼을 선택하여 책의 제목과 저자, 그리고 책의 상태를 반환하도록 하였다. 그리고 FROM에서 메인 테이블로 bookcopies를 선택하고, 첫번째 JOIN으로 bookinfo 테이블에서 bookcopies테이블의 BOOKID와 bookinfo테이블의 BOOKID가 같은 데이터만 선택하고, 그리고 두번째 JOIN으로 codeinfo 테이블에서 bookcopies 테이블의 STATUS와 codeinfo 테이블의 CODE 값이 같으면서 CODETYPE이 '02'인 데이터만 선택하여 도서 상태를 반환할 수 있도록 하였다.

3) 도서 대출

이제 도서관이 소장하고 있는 책 중 하나를 빌려보도록 하자. 이를 위해 먼저 bookcopies 테이블에서 대출이 가능한 책을 조회해 보자.

```
SELECT bookcopies.BOOKID, bookcopies.SERIALNO,
    bookinfo.BOOKTITLE, bookinfo.AUTHOR, codeinfo.CODEDESC FROM
    bookcopies
JOIN bookinfo ON bookcopies.BOOKID = bookinfo.BOOKID
JOIN   codeinfo   ON   bookcopies.STATUS   =   codeinfo.CODE   AND
codeinfo.CODETYPE='02'
    WHERE bookcopies.STATUS = '00';
```

```
bookid|serialno|booktitle  |author  |codedesc|
------+--------+----------+-------+--------+
1     |        |        1|역사란 무엇인가 |E. H. 카|대출가능  |
2     |        |        1|부의 미래    |앨빈 토플러 |대출가능  |
3     |        |        1|어린왕자     |생텍쥐페리 |대출가능  |
4     |        |        1|제3의 물결   |앨빈 토플러 |대출가능  |
5     |        |        1|코스모스     |칼 세이건  |대출가능  |
6     |        |        1|수학의 정석   |홍성대    |대출가능  |
6     |        |        2|수학의 정석   |홍성대    |대출가능  |
7     |        |        1|지금 잠이 옵니까?|홍사덕    |대출가능  |
```

위 대출 가능한 책들 중 수학의 정석 책을 빌려 보도록 하자. 수학의 정석 책은 BOOKID가 6이고 SERIALNO가 1과 2로 총 2권의 책이 존재하는데, 이 중 SERIALNO가 1인 책을 빌리도록 한다.

먼저 대출기록을 만들기 위해 bookrentinfo 테이블에 새로운 레코드를 삽입한다.

```
INSERT INTO bookrentinfo VALUES ('6', 1,now(), '00');
```

그리고 bookcopies의 해당 책의 상태값 또한 아래 쿼리를 통해 변경해주도록 한다.

```
UPDATE bookcopies SET STATUS='01' WHERE BOOKID='6' AND
SERIALNO=1;
```

위 쿼리들을 수행하고 나서 다시 대출이 가능한 책을 조회해 보면

```
booktitle  |author  |codedesc|
----------+-------+--------+
역사란 무엇인가   |E. H. 카|대출가능    |
부의 미래       |앨빈 토플러 |대출가능    |
어린왕자        |생텍쥐페리  |대출가능    |
제3의 물결      |앨빈 토플러 |대출가능    |
코스모스        |칼 세이건  |대출가능    |
수학의 정석      |홍성대    |대출중     |
수학의 정석      |홍성대    |대출가능    |
지금 잠이 옵니까?|홍사덕     |대출가능    |
```

위와 같이 수학의 정석 책이 대출중으로 표시되는 것을 확인할 수 있다.

4) 도서 반납

도서의 반납은 대출과 비슷하게 수행하면 되는데, bookrentinfo 테이블의 해당 책에 대한 RENTSTATUS 값을 갱신해주고, bookcopies 테이블의 STATUS 값을 갱신해 주면 된다.

예시 쿼리는 다음과 같다.

```
UPDATE bookrentinfo SET RETURNDATE=NOW(), RENTSTATUS='01'
    WHERE BOOKID='6' AND SERIALNO=1 AND RENTSTATUS='00';
```

```
UPDATE bookcopies SET STATUS='00'
    WHERE BOOKID='6' AND SERIALNO=1;
```

위 쿼리들을 수행하고 나서 다시 대출이 가능한 책을 조회해 보면

```
booktitle |author |codedesc|
----------+-------+--------+
역사란 무엇인가  |E. H. 카|대출가능    |
부의 미래      |앨빈 토플러 |대출가능    |
어린왕자       |생텍쥐페리  |대출가능    |
제3의 물결     |앨빈 토플러 |대출가능    |
코스모스       |칼 세이건  |대출가능    |
수학의 정석     |홍성대     |대출가능    |
수학의 정석     |홍성대     |대출가능    |
지금 잠이 옵니까?|홍사덕     |대출가능    |
```

위와 같이 수학의 정석 책이 다시 대출가능으로 표시되는 것을 확인할 수 있다.

5) 도서 대출 기록 조회

도서가 대출될 때 마다 bookrentinfo 테이블에 새로운 레코드가 발생하기 때문에, 대출중이라면 언제 대출이 되었는지, 그리고 반납이 되었다면 언제 반납이 되었는지, 그리고 총 대출이 몇 번 되었는지에 대한 기록을 조회할 수 있다. 마찬가지로 bookrentinfo 테이블도 책에 대한 정보를 직접적으로 가지고 있지 않기 때문에 JOIN 구문을 사용하여 책 정보를 가져와서 표시해야 한다.

```
SELECT bookinfo.BOOKTITLE, bookinfo.AUTHOR,
     codeinfo.CODEDESC, bookrentinfo.RETURNDATE
     FROM bookrentinfo
     JOIN bookinfo ON bookrentinfo.BOOKID = bookinfo.BOOKID
     JOIN codeinfo
     ON bookrentinfo.RENTSTATUS = codeinfo.CODE AND
codeinfo.codetype='03'
```

```
booktitle|author|codedesc|returndate            |
---------+------+--------+----------------------+
수학의 정석   |홍성대  |반납     |2021-11-11 01:57:24.000|
```

06

데이터 접근

- NCD를 통해 데이터베이스에 접근하는 방식을 이해한다.
- NCD의 컴포넌트와 서비스를 이해하고 설명할 수 있다.
- 실습을 통해 컴포넌트와 서비스를 생성하고 데이터베이스와 연결한다.

One Table / View Component

1. 정의

One Table / View Component는 One Table / View Service들을 관리하는 컴포넌트이다. One Table / View Service는 미리 생성한 테이블을 하나 지정하여 그 테이블에 대한 Create / Read / Update / Delete(CRUD) 작업을 수행한다. 따라서 데이터베이스의 어떤 테이블의 데이터에 접근하는 작업을 수행하기 위해서는 One Table / View Component를 생성하여 데이터베이스와 테이블을 지정하고, One Table / View Service를 생성하여 테이블에 대한 CRUD 작업을 지정하면 된다.

2. Component 생성

① 컴포넌트를 추가하고자 하는 그룹에 마우스 우클릭 후 'Add Component' 메뉴를 선택한다.

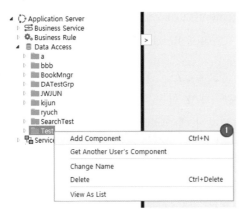

▲ 그림 6-1 Add Component

② 컴포넌트의 ID, Name, Description을 입력한다. 컴포넌트의 ID는 다른 컴포넌트와의 구분을 위한 필수 입력 항목이며, 따라서 다른 컴포넌트나 서비스의 ID와 중복 불가하다.

▲ 그림 6-2 Component 정보 입력

③ One Table / View Management(CRUD)에 반드시 체크해야 한다. 이는 하나의 테이블에 연결되어 Create / Read / Update / Delete(CRUD)를 수행한다고 지정하는 작업이다.

④ 이 컴포넌트가 접근해서 관리해야 하는 테이블을 지정해야 한다. 따라서 'From Database' 버튼을 클릭하여 데이터베이스에 있는 테이블을 지정한다.

⑤ 테이블 지정하고 'Ok' 버튼을 클릭한 뒤, 'Apply' 버튼을 클릭하여 Component 추가 완료한다. 다른 Component에서 사용 중인 테이블을 선택한 경우 'Apply' 버튼으로 적용이 불가하다.

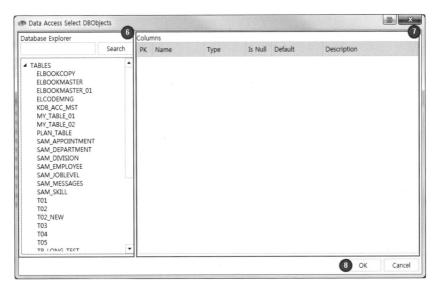

▲ 그림 6-3 DB Table / View 선택

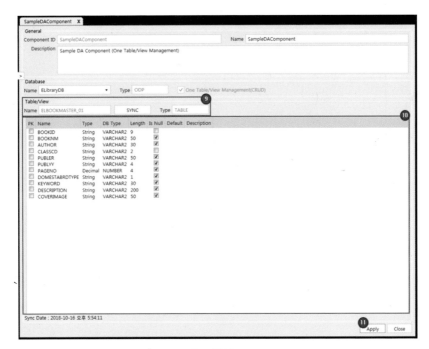

▲ 그림 6-4 선택한 Table / View 정보 확인

⑥ 추가가 완료되면 'From Database' 버튼은 'SYNC' 버튼으로 변경된다. 테이블의 데이터 구조가 변경되었을 때 'SYNC' 버튼으로 변경 내용 반영 가능하다.

⑦ 이 테이블의 정보를 데이터베이스로부터 가져온 날짜와 시간이 표시되며, 이 날짜는 테이블의 구조가 'SYNC' 버튼으로 내용 반영이 되었을 때만 변경된다.

▲ 그림 6-6 Apply 후 화면

⑧ 컴포넌트를 성공적으로 생성하면 오른쪽 화면에 해당 컴포넌트가 추가된다.

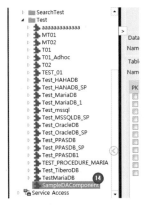

▲ 그림 6-7 컴포넌트 설정 반영 화면

⑨ PK(Primary Key)가 존재하는 테이블의 경우, 'Apply & CRUD' 버튼을 클릭하면 컴포넌트 설정을 적용하고 CRUD 서비스를 자동 생성한다.

▲ 그림 6-8 PK가 있는 Table

PK(Primary Key)가 존재하지 않는 테이블을 선택하고 'Apply & CRUD' 버튼을 클릭하면, 컴포넌트는 추가되지만 CRUD 서비스는 생성되지 않는다.

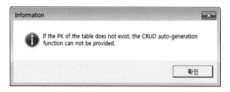

▲ 그림 6-9 CRUD 생성불가 팝업창

⑩ 'Apply & CRUD' 버튼으로 CRUD 서비스가 생성될 때에는 CRUD에 각각 대응되는 Insert / Select / Update / Delete 서비스 중 어떤 것을 생성할지 선택한다. 이후 서비스의 ID를 입력한 뒤 'OK' 버튼 클릭하면 해당하는 서비스가 생성된다.

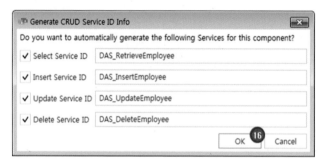

▲ 그림 6-10 CRUD Service 정보 입력

Studio 좌측 화면에서 생성된 컴포넌트와 서비스를 확인할 수 있다.

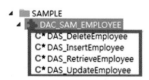

▲ 그림 6-11 Component와 Service 생성

3. Select Service 생성

① 서비스를 추가하고자 하는 컴포넌트를 선택하고, 마우스 우클릭하여 'Add Service'를 선택한다.

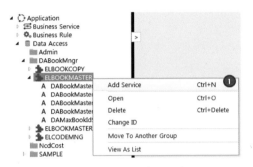

▲ 그림 6-12 Add Service(Select)

② 서비스의 ID, Name, Description을 입력한다. ID는 서비스를 구분하기 위한 필수 입력 항목이며, 다른 컴포넌트 / 서비스의 ID와 중복 불가하다.

③ 'Select'를 선택한다.

④ 'Next>>' 버튼 클릭한다.

⑤ One Table / View를 관리하는 컴포넌트인 경우 필요한 입력 데이터와 서비스 출력 데이터가 자동으로 생성된다.

▲ 그림 6-13 Add Service(Select) 입력

⑥ Select할 컬럼을 선택하고, 필요한 경우 적용할 함수와 정렬 순서를 지정한다. 전체 컬럼 선택 해제는 컬럼 그리드를 마우스 우클릭하여 나타나는 'Select All Columns', 'Unselect All Columns' 메뉴를 이용한다. 이때, 체크박스 해제 시 추가되어 있던 Output Data가 자동으로 삭제되므로 주의한다.

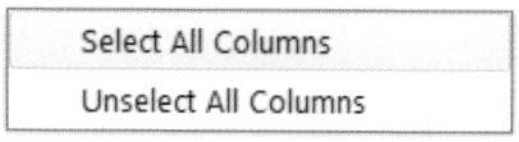

| Select All Columns |
| Unselect All Columns |

▲ 그림 6-14 컬럼 선택 메뉴

⑦ 데이터를 조회할 때 특정 조건을 만족하는 데이터만 조회하고자 할 경우 (예 이름이 홍길동인 데이터만 조회하고 싶을 경우) 'Value' 항목의 체크박스를 선택한다. 체크박스를 활성화하지 않을 경우 기본적으로 '@A'의 변수가 설정된다. '@A' 변수가 설정되는 경우 입력 데이터가 자동으로 추가된다. 또한 AND / OR 및 '()' 괄호를 사용하여 복잡한 조건을 입력할 수 있다.

⑧ 필요한 경우 'Script' 탭을 이용하여 자동으로 생성된 스크립트를 확인할 수 있다. 다시 'Script' 탭에서 Wizard 탭으로 전환하면 Script 탭에서 작업한 내용은 모두 무시된다. Script 탭으로 전환하고 쿼리를 수정하여 입력 데이터가 변경되었다면, 입력 데이터를 직접 편집해야 한다. 조건 절에서 사용된 '@A' 변수는 입력 데이터에 등록되어야 한다.

⑨ 'Apply' 버튼 클릭하여 서비스의 추가를 완료한다.

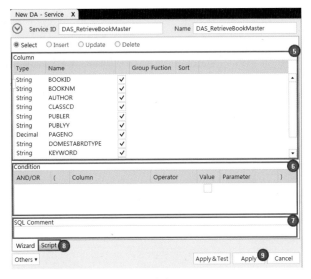

▲ 그림 6-15 Select 정보 입력

새롭게 추가된 서비스의 상태는 항상 'C' 상태이며 이는 왼쪽 패널의 서비스 리스트에서 확인할 수 있다. 'C' 상태는 비활성 상태이며 언제든지 수정 및 삭제가 가능하다. 여러 서비스를 순차적으로 호출하는 비즈니스 로직을 구성할 때 비활성 상태의 서비스는 사용할 수 없다. 따라서 생성한 서비스를 활용하는 때에는 활성화하여 'A' 상태로 바꿔줘야 한다.

▲ 그림 6-16 Add Service(Select) 완료

4. Insert Service 생성

① 서비스를 추가하고자 하는 컴포넌트를 선택하고, 마우스 우클릭하여 'Add Service'를 선택한다.

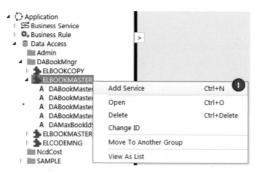

▲ 그림 6-17 Add Service(Insert)

② 서비스의 ID, Name, Description을 입력한다. ID는 서비스를 구분하기 위한 필수 입력 항목이며, 다른 컴포넌트 / 서비스의 ID와 중복 불가하다.

③ 'Insert'를 선택한다.

④ 'Next> >' 버튼 클릭한다. One Table / View를 관리하는 컴포넌트인 경우 필요한 입력 데이터와 서비스 출력 데이터가 자동으로 생성된다.

▲ 그림 6-18 Add Service(Insert)

⑤ 데이터를 삽입하고자 하는 컬럼을 선택한다.

⑥ 해당 서비스에 대한 설명을 첨부하고자 할 경우 입력한다.

⑦ 필요한 경우 'Script' 탭을 이용하여 자동으로 생성된 스크립트를 확인할
수 있다. 다시 'Script' 탭에서 Wizard 탭으로 전환하면 Script 탭에서 작
업한 내용은 모두 무시된다. Script 탭으로 전환하고 쿼리를 수정하여 입
력 데이터가 변경되었다면, 입력 데이터를 직접 편집해야 한다. 조건 절
에서 사용된 '@A' 변수는 입력 데이터에 등록되어야 한다.

⑧ 'Apply' 버튼 클릭하여 서비스의 추가를 완료한다.

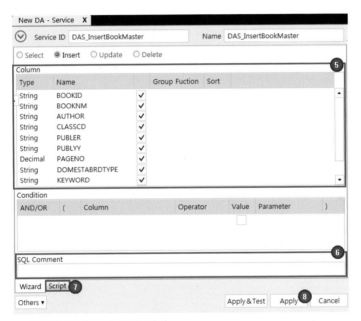

▲ 그림 6-19 Insert 정보 입력

새롭게 추가된 서비스의 상태는 항상 'C' 상태이며 이는 왼쪽 패널의 서비스
리스트에서 확인할 수 있다. 'C' 상태는 비활성 상태이며 언제든지 수정 및 삭제
가 가능하다. 여러 서비스를 순차적으로 호출하는 비즈니스 로직을 구성할 때
비활성 상태의 서비스는 사용할 수 없다. 따라서 생성한 서비스를 활용하는 때

에는 활성화하여 'A' 상태로 바꿔줘야 한다.

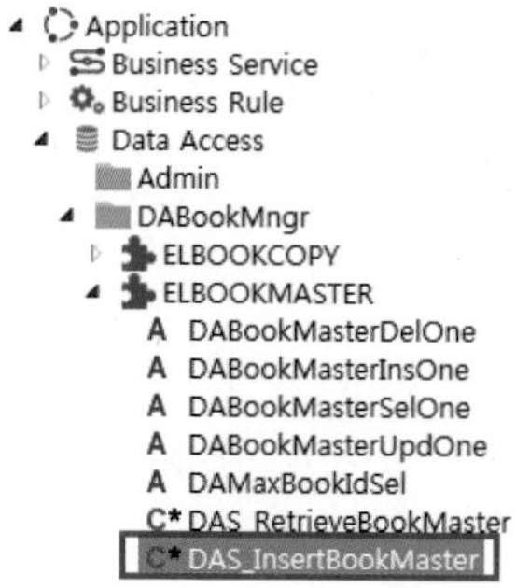

```
▲ ◯ Application
   ▷ ⩲ Business Service
   ▷ ⚙ Business Rule
   ▲ ▤ Data Access
        ▥ Admin
     ▲ ▥ DABookMngr
        ▷ ◆ ELBOOKCOPY
        ▲ ◆ ELBOOKMASTER
             A  DABookMasterDelOne
             A  DABookMasterInsOne
             A  DABookMasterSelOne
             A  DABookMasterUpdOne
             A  DAMaxBookIdSel
             C✱ DAS_RetrieveBookMaster
             C✱ DAS_InsertBookMaster
```

▲ 그림 6-20 Add Service(Insert) 완료

5. Update Service 생성

① 서비스를 추가하고자 하는 컴포넌트를 선택하고, 마우스 우클릭하여 'Add Service'를 선택한다.

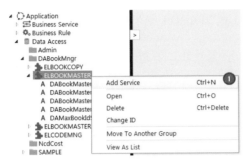

▲ 그림 6-21 Add Service(Update)

② 서비스의 ID, Name, Description을 입력한다. ID는 서비스를 구분하기 위한 필수 입력 항목이며, 다른 컴포넌트 / 서비스의 ID와 중복 불가하다.

③ 'Update'를 선택한다.

④ 'Next>>' 버튼 클릭한다. One Table/View를 관리하는 컴포넌트인 경우 필요한 입력 데이터와 서비스 출력 데이터가 자동으로 생성된다.

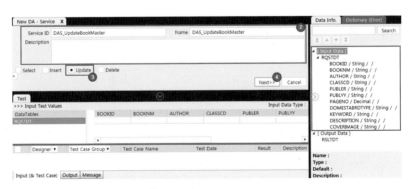

▲ 그림 6-22 Add Service(Update)

⑤ Update할 컬럼을 선택한다.

⑥ 데이터를 갱신할 때 특정 조건을 만족하는 데이터만 갱신하고자 할 경우 (例 이름이 홍길동인 데이터만 갱신하고 싶을 경우) 'Value' 항목의 체크박스를 선택한다. 체크박스를 활성화하지 않을 경우 기본적으로 '@A'의 변수가 설정된다. '@A' 변수가 설정되는 경우 입력 데이터가 자동으로 추가된다. 또한 AND / OR 및 '()'괄호를 사용하여 복잡한 조건을 입력할 수 있다.

⑦ 해당 서비스에 대한 설명을 첨부하고자 할 경우 입력한다.

⑧ 필요한 경우 'Script' 탭을 이용하여 자동으로 생성된 스크립트를 확인할 수 있다. 다시 'Script' 탭에서 Wizard 탭으로 전환하면 Script 탭에서 작업한 내용은 모두 무시된다. Script 탭으로 전환하고 쿼리를 수정하여 입력 데이터가 변경되었다면, 입력 데이터를 직접 편집해야 한다. 조건 절에서 사용된 '@A' 변수는 입력 데이터에 등록되어야 한다.

⑨ 'Apply' 버튼을 클릭하여 서비스의 추가를 완료한다.

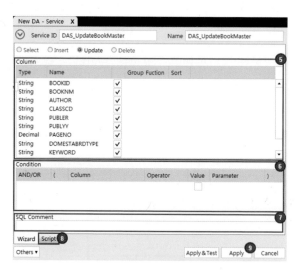

▲ 그림 6-23 Update 정보 입력

새롭게 추가된 서비스의 상태는 항상 'C' 상태이며 이는 왼쪽 패널의 서비스 리스트에서 확인할 수 있다. 'C' 상태는 비활성 상태이며 언제든지 수정 및 삭제가 가능하다. 여러 서비스를 순차적으로 호출하는 비즈니스 로직을 구성할 때 비활성 상태의 서비스는 사용할 수 없다. 따라서 생성한 서비스를 활용하는 때에는 활성화하여 'A' 상태로 바꿔줘야 한다.

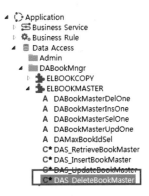

▲ 그림 6-24 Add Service(Update) 완료

6. Delete Service 생성

① 서비스를 추가하고자 하는 컴포넌트를 선택하고, 마우스 우클릭하여 'Add Service'를 선택한다.

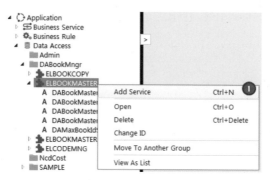

▲ 그림 6-25 Add Service(Delete)

② 서비스의 ID, Name, Description을 입력한다. ID는 서비스를 구분하기 위한 필수 입력 항목이며, 다른 컴포넌트 / 서비스의 ID와 중복 불가하다.

③ 'Delete'를 선택한다.

④ 'Next>>' 버튼 클릭한다. One Table / View를 관리하는 컴포넌트인 경우 필요한 입력 데이터와 서비스 출력 데이터가 자동으로 생성된다.

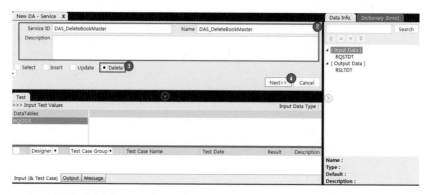

▲ 그림 6-26 Add Service(Delete)

⑤ 원하는 조건을 만족하는 데이터를 제거하고자 하는 경우 Delete 서비스에서 조건을 입력한다. 테이블에서 어떤 데이터에 대해 조건을 설정할지 지정하기 위해서는 'Value' 항목의 체크박스를 선택한다. 체크박스를 활성화하지 않을 경우 기본적으로 '@A'의 변수가 설정된다. '@A' 변수가 설정되는 경우 입력 데이터가 자동으로 추가된다. 또한 AND / OR 및 '()' 괄호를 사용하여 복잡한 조건을 입력할 수 있다.

⑥ 필요한 경우 'Script' 탭을 이용하여 자동으로 생성된 스크립트를 확인할 수 있다. 다시 'Script' 탭에서 Wizard 탭으로 전환하면 Script 탭에서 작업한 내용은 모두 무시된다. Script 탭으로 전환하고 쿼리를 수정하여 입력 데이터가 변경되었다면, 입력 데이터를 직접 편집해야 한다. 조건 절에서 사용된 '@A' 변수는 입력 데이터에 등록되어야 한다.

⑦ 'Apply' 버튼 클릭하여 서비스의 추가를 완료한다.

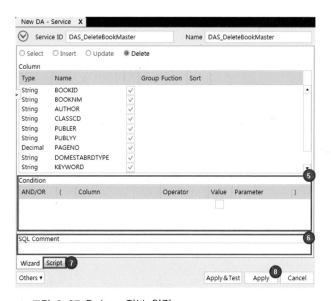

▲ 그림 6-27 Delete 정보 입력

새롭게 추가된 서비스의 상태는 항상 'C' 상태이며 이는 왼쪽 패널의 서비스 리스트에서 확인할 수 있다. 'C' 상태는 비활성 상태이며 언제든지 수정 및 삭제가 가능하다. 여러 서비스를 순차적으로 호출하는 비즈니스 로직을 구성할 때 비활성 상태의 서비스는 사용할 수 없다. 따라서 생성한 서비스를 활용하는 때에는 활성화하여 'A' 상태로 바꿔줘야 한다.

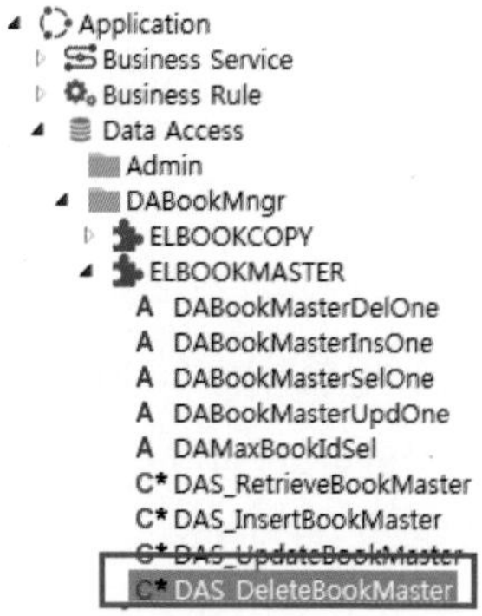

▲ 그림 6-28 Add Service(Delete) 완료

Adhoc / Stored Procedure Component

1. 정의

AdHoc / Stored Procedure 컴포넌트는 여러 개의 테이블과 관련된 데이터 접근을 수행하는 서비스를 관리한다. AdHoc / Stored Procedure 컴포넌트는 One Table / View Component와 달리 Table / View 정보를 관리하지 않는다.

2. Component 생성

① 컴포넌트를 추가하고자 하는 그룹에 마우스 우클릭 후 'Add Component' 메뉴를 선택한다.

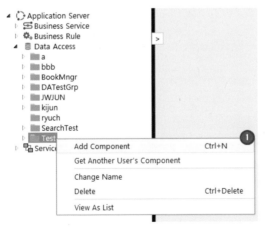

▲ 그림 6-29 Add Component

② 컴포넌트의 ID, Name, Description을 입력한다. 컴포넌트의 ID는 다른 컴포넌트와의 구분을 위한 필수 입력 항목이며, 따라서 다른 컴포넌트나 서비스의 ID와 중복 불가하다.

③ 이 컴포넌트가 접근하는 테이블이 속한 데이터베이스를 선택한다.

④ One Table / View Management(CRUD)는 반드시 체크 해제한다.

⑤ Table / View 관련 정보를 표시하는 컨트롤은 모두 비활성화 된다.

⑥ 'Apply' 버튼을 클릭하여 컴포넌트를 추가한다.

▲ 그림 6-30 Component 정보 입력

⑦ Studio 좌측 화면에 컴포넌트가 추가된 것을 확인할 수 있다.

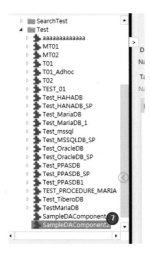

▲ 그림 6-31 메인트리 반영 화면

3. Adhoc Service 생성

(1) 일반 SQL Query

① 컴포넌트를 추가하고자 하는 그룹에 마우스 우클릭 후 'Add Component' 메뉴를 선택한다.

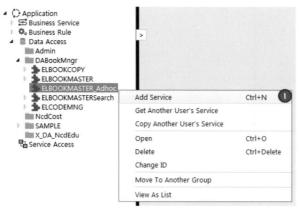

▲ 그림 6-32 Add Service

② 서비스의 ID, Name, Description을 입력한다. 서비스의 ID는 다른 서비스와의 구분을 위한 필수 입력 항목이며, 따라서 다른 컴포넌트나 서비스의 ID와 중복 불가하다.

③ 'Adhoc Query'를 선택한다.

④ 우측 Data Info.의 [Input Data]에서 RQSTDT 테이블을 마우스 우클릭하고, 'Add DataColumn' 선택하여 입력 데이터에 대한 형식을 추가한다. 이는 다시 말해 입력 데이터가 어떻게 구성되는지를 지정하는 것이다. 만약 입력 데이터가 여러 종류의 값이라면 각각의 데이터의 이름과 형식을 지정해야 한다.

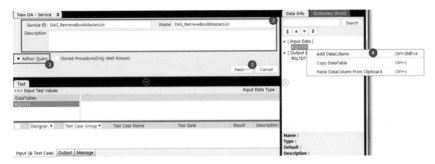

▲ 그림 6-33 Service 정보 입력

⑤ 입력 데이터 형식에 추가할 데이터의 Name, Type, Default, Description 을 입력하고 'OK' 버튼 클릭한다. Name, Type은 필수 입력 항목이다.

▲ 그림 6-34 Add DataColumn

⑥ 4, 5번 단계를 반복하면서 입력 및 출력 데이터 형식(Input / Output DataColumn)을 추가한다. 입력 및 출력 데이터 형식은 화면 아래의 미리보기 창에서 Service의 데이터 형식을 마우스로 끌어 이동하는 것으로 바로 추가 가능하다.

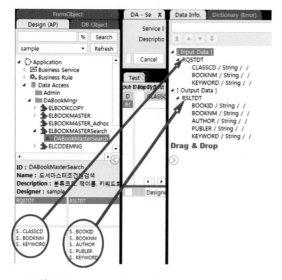

▲ 그림 6-35 Data Info. 설정

⑦ 입력/출력 데이터의 형식을 설정하고 나면 'Next>>' 버튼을 클릭한다.

⑧ 화면의 'AdHoc Query'를 입력하는 창에서 비어있는 첫 번째 행을 더블 클릭하면 서비스에서 수행하는 SQL 쿼리를 직접 수정할 수 있다. 또는 마우스 우클릭하여 'Add'를 선택하면 쿼리를 수정하는 'Script Editor' 창이 표시된다.

▲ 그림 6-36 SQL Query 편집

⑨ 이 SQL 쿼리에서 어떤 입력 데이터를 사용했는지에 대해 확인한다. 각 입력 데이터는 '@' 기호로 시작하며 ',' 기호로 구분된다(📕 @AAA, @BBB, @CCC).

⑩ SQL 쿼리를 문법에 맞게 입력한다.

⑪ 입력이 완료되면 'OK' 버튼을 클릭한다.

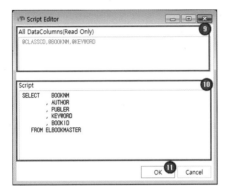

▲ 그림 6-37 Script Editor

⑫ 입력된 SQL 쿼리가 화면의 스크립트 리스트에 추가된다. 입력할 SQL 쿼리가 더 있다면 8~11번 단계를 반복한다. 한 SQL 쿼리에서 조건 절 (Where 구문)을 분리하여 그리드에 추가하면 Optional Condition 쿼리를 작성할 수 있다. Optional Condition 쿼리는 조건으로 검사하고자 하는 입력 데이터 값이 없는(Null) 경우 해당 조건은 무시하는 쿼리이다.

⑬ 'Apply' 버튼을 클릭하여 추가 완료한다. Apply & Test 버튼을 이용하면 추가를 먼저 수행하고 바로 테스트를 진행한다.

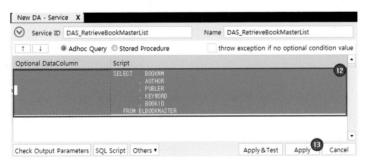

▲ 그림 6-38 SQL Query 추가 완료

입력 데이터 형식의 정보와 입력된 쿼리를 비교하여 서로 맞지 않으면 다음
과 같은 경고 메시지를 출력한다.

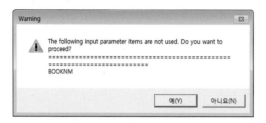

▲ 그림 6-39 Input 정보오류 팝업창

(2) Optional Condition SQL Query

Optional Condition SQL Query는 조건절에서 비교를 하고자 하는 입력 데이터의 값이 null일 경우 해당 조건을 무시하고 수행하게 한다. 이 쿼리는 AdHoc 서비스에서만 사용 가능하며, 쿼리를 수행하여 결과값이 있는 SQL에서만 사용할 수 있다. 따라서 'Select'에서만 사용할 수 있다.

①~⑦ 3. (1) 일반 SQL 쿼리와 동일

① 먼저 조건절을 제외한 쿼리를 등록한다. Script 컬럼에는 조건절을 제외한 쿼리를 등록한다. 첫 번째 행에 있는 쿼리는 예외적으로 입력 데이터 값이 없더라도(Null) 무조건 수행한다.

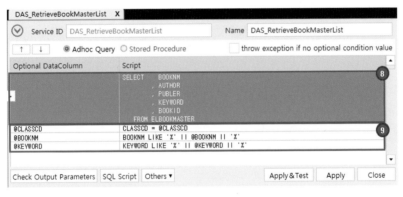

▲ 그림 6-40 Script 입력

② 선택적으로 적용할 조건식을 차례로 등록한다. 'Optional Condition DataColumns' 컬럼에는 조건에 사용될 변수를 입력하고, 'Optional Condition DataColumns'의 변수가 여러 개일 경우, 콤마(,)로 구분하여 입력한다. Script 컬럼에는 조건식을 입력한다. 만약 'Optional Condition DataColumns' 컬럼에 값이 없는 경우는 해당 쿼리를 무조건 수행한다. 값이 있는 경우 서비스가 넘겨받은 입력 데이터가 모두 있을 때에만 쿼리를 수행한다. 여러 개의 SQL 쿼리를 추가할 경우 두 번째 블록 앞에는 "WHERE"이, 세 번째 블록 이후는 "AND"가 자동으로 붙는다. SQL 쿼리

의 ORDER BY, GROUP BY, HAVING, UNION, INTERSECT, MINUS, START WITH의 경우 WHERE와 AND가 붙지 않는다.

▲ 그림 6-41 Script Editor

③ 'Apply' 버튼을 클릭하여 추가 완료한다.

07

Graphic User Interface

- 화면(UI)과의 연동을 이해한다.
- 화면과의 연동에 필요한 내용을 이해한다.

DevOn NCD
No Coding Development

도서조회 화면

1. 화면 UI 정의

DevOn NCD는 비즈니스 서버 로직을 개발하는 DevOn BizActor를 제공하고 있지만, 화면 UI를 구현하는 도구는 별도로 제공하고 있지 않다. Web 화면 UI를 이용하거나, Windows Client 화면 UI를 이용하는 방법이 있다. 본 교재에서는 Web 화면 UI를 이용하여 DevOn NCD의 서비스를 호출하고, 호출 결과를 표시하도록 할 예정이다.

Web 화면 UI관련 기술은 최근 트렌드에 따라 다양하게 사용되고 있으며, 여기에서는 HTML 4.0 표준기반의 JavaScript를 이용한 화면 구현을 다룰 예정이며, JavaScript 관련 기술 설명은 본 교재에서는 언급하지 않는다.

2. Service 구현

주어진 검색조건으로 도서를 검색하는 BR 서비스인 **도서검색**은 이미 완성된 형태로 제공된다. **도서검색** 서비스의 Input / Output Data는 아래의 [표 7-1]을 참고하면 된다.

▌표 7-1 도서검색 서비스의 Input / Output Data

Input Data		
DataTable Name	DataColumn Name	DataColumn Type
도서검색조건	도서명	String
	저자	String
	주제어	String

Output Data

DataTable Name	DataColumn Name	DataColumn Type
도서검색결과	도서번호	String
	도서명	String
	저자	String
	도서분류	String
	주제어	String

BizActor Studio에서 도서조회 서비스를 열면 그림과 같이 구현되어 있다.

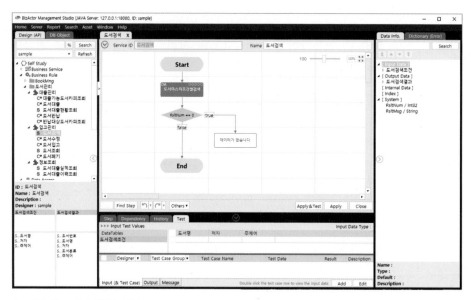

▲ 그림 7-1 도서검색 서비스

3. 화면 UI와 연동

   샘플로 제공되는 eLibrary_WebUI.zip 파일을 압축해제하고 eLibrary_WebUI 폴더내의 index.html을 Microsoft Edge나 Chrome으로 열면 아래와 같이 화면 이 보인다.

▲ 그림 7-2 eLibrary Web UI

① 왼쪽 메뉴에서 도서관리 > 도서조회를 선택한다.

▲ 그림 7-3 도서조회 Web UI

② 조회 버튼을 눌렀을 때 구현된 BR 서비스인 도서검색을 호출하여 조회결
과를 받아서 화면에 표시한다.

③ BR 서비스호출 연결을 하기 위해서 eLibrary\html\도서관리\도서조회.
html 파일을 텍스트 편집기 혹은 Microsoft Visual Studio Code(VS code)
로 편집한다.

▲ 그림 7-4 도서조회.html

④ 도서조회.html의 245라인의 function retrieveBookList()에 대해서 설명한다.

⑤ BizActor Studio에서 작성한 BR / DA / SA 서비스 중 'S'상태인 서비스를
JavaScript로 호출하는 방법은 다음과 같다.

- API 호출 URL
- API Input / Output 정의
- API Input 값 설정

```
/*
 * DevOn BizActor API 호출
 *  - API 호출 URL 설정
 *  - API Input/Output 정의
 *  - API Input 값 설정
 */
var apiUrl = "http://localhost:18080/bizarest";
var searchData = '{"actID": "도서검색", "inDTName": "도서검색조건", "outDTName": "도서검색결과","refDS": {"도서검색조건": [{ "도서명": "",
"저자": "","주제어": "" }]}}';
var SearchDataJson = JSON.parse(searchData);
SearchDataJson.refDS.도서검색조건[0].도서명 = document.getElementById("도서명").value;
SearchDataJson.refDS.도서검색조건[0].저자 = document.getElementById("저자").value;
SearchDataJson.refDS.도서검색조건[0].주제어 = document.getElementById("주제어").value;
```

▲ 그림 7-5 API 호출 예제

⑥ API 호출 URL은 "http://localhost:18080/bizarest"로 이 교재에서는 변경이 없다.

⑦ API Input/Output 정의는 기본적인 구조가
'{"actID":"호출서비스ID",
"inDTName":"Input Data명",
"outDTName":"Output Data명",
"refDS": {전달할 Input Data Value}} 로 구성되어 있다.

⑧ 호출서비스ID는 BizActor Studio에서 작성한 BR / DA / SA의 서비스ID를 입력하면 된다.

⑨ Input Data명은 해당 서비스에서 정의된 Input Data의 DataTable명을 입력하면 되고, 두 개 이상인 경우 ","를 추가해 구분하여 입력한다.

⑩ Output Data명은 해당 서비스에서 정의된 Output Data의 DataTable명을 입력하면 되고, 두 개 이상인 경우 ","를 추가해 구분하여 입력한다.

⑪ 전달한 Input Data Value는 JSON(JavaScript Object Notation) 형태의 데이터 포맷을 이용한다.
여기서, JSON 데이터 포맷에 대한 자세한 설명은 하지 않으며, 관련 기본 정의는 인터넷 검색을 통하면 쉽게 해결할 수 있다.
{
　"DataTable명": [{
　　"DataColumn1명": "",
　　"DataColumn2명": "",

"DataColumn3명": "",

...

}]

}

위와 같은 구조를 가지고 있다.

⑫ API Input 값 설정은 JavaScript 구문과 JSON 데이터 포맷에 대한 처리가
필요하다.

```
var SearchDataJson = JSON.parse(searchData);
SearchDataJson.refDS.도서검색조건[0].도서명 = document.getElementById("도서명").value;
SearchDataJson.refDS.도서검색조건[0].저자 = document.getElementById("저자").value;
SearchDataJson.refDS.도서검색조건[0].주제어 = document.getElementById("주제어").value;
```

▲ 그림 7-6 API Input 값 설정 예제

⑬ function retrieveBookList()의 이후 내용은 조회된 결과를 HTML내에서
어떻게 표현하는 지에 대한 내용으로 본 교재의 범위를 벗어나는 내용으
로 더 이상 언급하지 않는다.

⑭ 다시 웹 브라우저의 화면으로 가보면, 도서조회 화면에서 조회 버튼을 클
릭하면 DevOn NCD의 도서검색 서비스를 호출하여 실행 결과를 화면에
표시한다.

▲ 그림 7-7 도서조회 실행 결과

도서입고 화면

1. 화면 UI 설명

도서의 분류를 선택하고, 기본정보를 입력하여 저장하는 화면이다. 화면 로딩 시 **도서분류코드조회** 서비스를 호출하여 도서분류 콤보 박스 내용을 채우고, 등록버튼 클릭 시 **도서입고** 서비스를 호출한다.

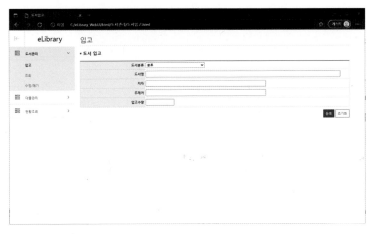

▲ 그림 7-8 도서입고 Web UI

2. Service 구현

화면에서 필요한 **도서분류코드조회** 서비스는 이미 완성된 형태로 제공되며, **도서입고** 서비스를 직접 구현해야 한다.

도서입고 서비스의 Input / Output Data 정보는 다음의 [표 7−2]를 참고하면 된다.

▎표 7-2 도서입고 서비스의 Input / Output Data

Input Data

DataTable Name	DataColumn Name	DataColumn Type
도서입고정보	도서명	String
	저자	String
	도서분류	String
	주제어	String
DataTable Name	**DataColumn Name**	**DataColumn Type**
도서수량정보	도서수량	Int32

Output Data

DataTable Name	DataColumn Name	DataColumn Type
	없음	

BizActor Studio에서 **도서입고** 서비스를 열면 아래 [그림 7-9]와 같이 기본적인 구조만 구현되어 있다.

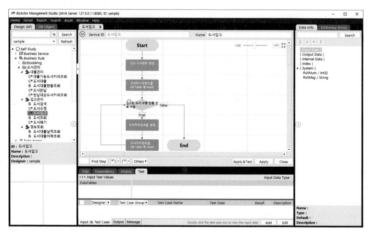

▲ 그림 7-9 도서입고 서비스

① 해당 서비스의 흐름은 먼저 도서번호를 생성하는 DA 서비스를 호출하여, 신규 도서번호를 생성한다.

② 생성된 신규 도서번호를 포함하여 도서입고정보를 DB의 도서정보 테이블에 저장한다.

③ 도서수량정보의 도서수량만큼 데이터를 생성하여 DB의 도서 카피 정보 테이블에 저장한다.

④ Step 구현에 앞서 먼저 Input Data로 정의된 정보 기준으로 Data Info Tab의 [Input Data]에 도서입고정보, 도서수량정보 DataTable을 등록한다.

(1) 신규 도서번호 생성 Step 구현

① 신규 도서번호 생성을 위해 Data Info Tab의 [Internal Data]에 아래의 DataTable을 추가한다.

DataTable Name	DataColumn Name	DataColumn Type
신규도서번호정보	도서번호	String

② Design(AP) Tab의 Data Access Layer > 도서정보 > 도서마스터정보 > **도서마스터번호생성** 서비스를 드래그하여 신규 도서번호 생성 Step에 드롭한다. 해당 Step은 Call Step으로 변경된다.

③ Call Step의 Output Tab에 있는 Assigned DataTable Column에 Data Info Tab의 [Internal Data]에 있는 신규 도서번호 정보를 드래그앤드롭하여 맵핑한다.

(2) 도서마스터정보를 DB Table에 Insert Step 구현

① 도서마스터정보를 DB 테이블에 Insert 하기 위해서 DA 서비스를 생성해야 한다. Data Access Layer > 도서정보 > 도서마스터정보 Component에 **도서마스터정보삽입** 서비스를 생성한다(Wizard 방식으로 CURD에서 Insert를 선택한다). 생성 후에는 반드시 서비스 상태를 'C'에서 'A'로 변경해야

한다.

② 새로 생성한 **도서마스터정보삽입** 서비스를 드래그하여 도서마스터정보를 DB Table에 Insert Step에 드롭한다. 해당 Step은 Call Step으로 변경된다.

③ Call Step의 Input Tab에 있는 Assigned DataTable Column에 Data Info Tab의 [Input Data]에 있는 도서입고정보, [Internal Data]에 있는 신규 도서번호정보를 각각 드래그앤드롭하여 맵핑한다.

(3) 입고된 도서 수량만큼 반복 수행 Step 구현

① Loop Step에서 사용하는 Index를 정의한다. Data Info Tab의 [Index]에서 우클릭 후 Add Index 메뉴를 통해서 도서수량카운트를 생성한다.

② Loop Step의 Index 정의하기 위해 Index Var.의 콤보 박스에서 도서수량카운트를 선택한다. Index Init은 0, Index +/−(증감)은 += 1 로 설정한다.

③ Loop Step의 Condition을 설정하기 위해 Data Info Tab의 [Index]에 있는 도서수량카운트를 Condition 편집창에 드래그앤드롭 하거나, 더블클릭한다. Condition 편집창의 우측 상단의 [<] 버튼을 클릭한다. Data Info Tab의 [Input Data]에 있는 도서수량정보의 도서수량을 드래그앤드롭하거나 더블클릭한다.

▲ 그림 7-10 Loop Step Condition

(4) 도서 카피 정보를 설정 Step 구현

① 도서 카피 정보를 담을 DataTable을 Data Info Tab의 [Internal Data]에
아래의 DataTable을 추가한다.

DataTable Name	DataColumn Name	DataColumn Type
도서 카피 임시 정보	도서번호	String
	일련번호	Int32
	등록일자	String
	도서상태	String

② Data Info Tab의 [Internal Data]에 있는 도서 카피 임시 정보를 드래그
하여 도서 카피 정보를 설정 Step에 드롭한다. 해당 Step은 Substitution
Step으로 변경된다.

③ 아래 Step Tab에서 도서번호를 선택하고 하단의 Assigned Value 편집창
에 Data Info Tab의 [Internal Data]에 있는 신규도서번호정보의 도서번
호를 드래그앤드롭하거나 더블클릭한다.

④ 다음 일련번호를 선택하고 하단의 Assigned Value 편집창에 Data Info
Tab의 [Index]에 있는 도서수량카운트를 드래그앤드롭하거나 더블클릭
한 후, 편집창 우측 상단의 [＋]버튼을 클릭하고 [Const]버튼을 클릭한
후 입력창에 1을 입력한다.

⑤ 다음 도서상태를 선택하고 하단의 Assigned Value 편집창에서 우측 상단
의 [Const]버튼을 클릭한 후 입력창에 "00"를 입력한다.

⑥ Step Tab의 하단 좌측의 Wizard Tab이 아닌 Script Tab을 선택한다.

⑦ 등록일자를 선택하고 하단의 Assigned Value 편집창에 new SimpleDate
Format("yyyyMMdd").format(new java.sql.Timestamp(System.
currentTimeMillis()))을 입력한다.

▲ 그림 7-11 Substitution Step 설정

(5) 도서 카피 정보를 DB Table에 Insert Step 구현

① 도서 카피 정보를 DB 테이블에 Insert하기 위해서 DA 서비스를 생성해
야 한다. Data Access Layer > 도서정보 > 도서 카피 정보 Component
에 **도서 카피 정보삽입** 서비스를 생성한다(Wizard 방식으로 CURD에서 Insert
를 선택한다). 생성 후에는 반드시 서비스 상태를 'C'에서 'A'로 변경해야
한다.

② 새로 생성한 **도서 카피 정보삽입** 서비스를 드래그하여 도서 카피 정보를 DB
Table에 Insert Step에 드롭한다. 해당 Step은 Call Step으로 변경된다.

③ Call Step의 Input Tab에 있는 Assigned DataTable Column에 Data Info
Tab의 [Input Data]에 있는 도서 카피 임시정보를 드래그앤드롭하여 맵
핑한다.

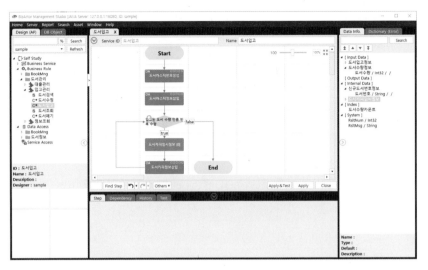

▲ 그림 7-12 완성된 도서입고 서비스

(6) 서비스 테스트

① 도서입고 서비스의 하단 Test Tab에서 다음과 같이 입력값을 입력하고 Apply & Test 버튼을 클릭한다.

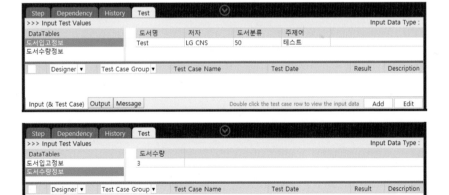

▲ 그림 7-13 테스트용 Input 데이터

② Test Tab의 하단 Tab이 Output(정상) 혹은 Message(에러)로 변경된다. 에러 발생 시 Message 내의 내용 전체를 화면 캡쳐하여 문의 게시판에 등록한다.

③ 정상 등록된 데이터 확인을 위해서 BizActor Studio의 왼쪽 Design(AP) Tab에서 Business Rule > 도서관리 > 입고관리 > 도서검색 서비스를 선택하고 우클릭한다.

④ 메뉴 중에서 Test를 선택하고, 팝업된 Test창에서 Request 버튼을 클릭한다. Input값이 없다는 알림 창에서 확인 버튼을 클릭한다.

▲ 그림 7-14 도서검색 서비스를 이용한 실행 확인

⑤ 화면 UI와의 연동을 위하여 해당 서비스의 상태를 'C'에서 'A', 'A'에서 'S'로 변경해야 한다.

3. 화면 UI와 연동

도서입고 Web UI 화면은 eLibrary\html\도서관리\도서입고.html이 해당 소스이며, 화면 로딩 시 도서분류 콤보 박스의 데이터 처리는 function bookClassCode()에서 구현되어 있으며, 등록버튼 클릭 시 데이터 처리는 function registBook()에서 구현되어 있다.

```
function bookClassCode() {
    /*
     * DevOn BizActor API 호출
     *  - API 호출 URL 설정
     *  - API Input/Output 정의
     *  - API Input 값 설정
     */
    var apiUrl = "http://localhost:18080/bizarest";
    var bookClassCode = '{"actID" : "도서분류코드조회","inDTName" : "","outDTName" : "RSLTDT","refDS" : { }}';
    var bookClassCodeJson = JSON.parse(bookClassCode);

    var xhr = new XMLHttpRequest();
    xhr.onreadystatechange = function () {
```

▲ 그림 7-15 도서입고.html내의 function bookClassCode

```
function registBook() {
    /*
     * DevOn BizActor API 호출
     *  - API 호출 URL 설정
     *  - API Input/Output 정의
     *  - API Input 값 설정
     */
    var apiUrl = "http://localhost:18080/bizarest";
    var bookData = '{"actID": "도서입고","inDTName": "도서입고정보,도서수량정보","outDTName": "","refDS": {"도서입고정보": [{ "도서명": "",
    "저자": "","도서분류":"","주제어": "" }],"도서수량정보": [{ "도서수량": ""}]}}';
    var bookDataJson = JSON.parse(bookData);

    var selector = document.getElementById("도서분류");
    let bookCodeName = selector.options[selector.selectedIndex].text;
    let bookCode = selector.options[selector.selectedIndex].value;

    bookDataJson.refDS.도서수량정보[0].도서수량 = document.getElementById("입고수량").value;
    bookDataJson.refDS.도서입고정보[0].도서명 = document.getElementById("도서명").value;
    bookDataJson.refDS.도서입고정보[0].저자 = document.getElementById("저자").value;
    bookDataJson.refDS.도서입고정보[0].도서분류 = bookCode;
    bookDataJson.refDS.도서입고정보[0].주제어 = document.getElementById("주제어").value;

    var xhr = new XMLHttpRequest();
    xhr.onreadystatechange = function () {
```

▲ 그림 7-16 도서입고.html내의 function registBook

화면 연동 테스트를 위해서 다음과 같이 입력하고 등록버튼을 클릭한다.

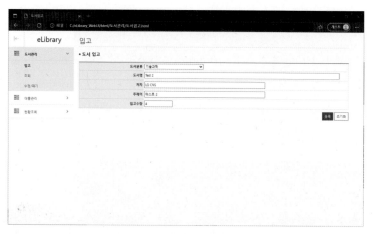

▲ 그림 7-17 도서입고 테스트 데이터 입력

정상적으로 처리되면 아래의 그림과 같이 알림창이 뜬다.

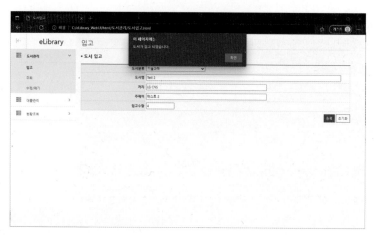

▲ 그림 7-18 도서입고 정상처리

데이터의 정상처리 확인을 위해서 도서조회 메뉴에서 검색조건이 없는 상태로 조회버튼을 클릭한다.

▲ 그림 7-19 도서조회로 데이터 확인

08

실습 프로젝트

- 실습을 통하여 로직을 서비스로 구현할 수 있다.
- 다양한 요구사항에 맞는 서비스를 구현하고 화면과 연동할 수 있다.

SECTION 01 eLibrary

1. 시스템 구성도

DevOn NCD로 구현한 서비스와 Web UI를 이용하여 eLibrary 프로젝트를 구현한다.

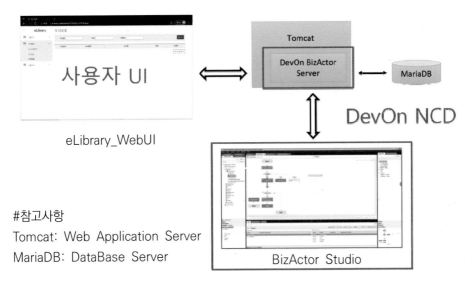

eLibrary_WebUI

#참고사항
Tomcat: Web Application Server
MariaDB: DataBase Server

BizActor Studio

▲ 그림 8-1 eLibrary 시스템 구성도

2. 전체 메뉴 구성

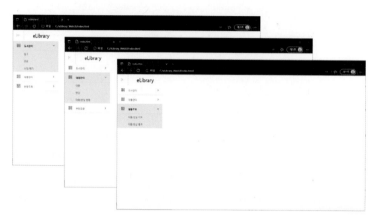

▲ 그림 8-2 eLibrary 메뉴 구성

3개의 메인 메뉴(도서관리, 대출관리, 현황조회)와 8개의 서브 메뉴(입고, 조회, 수정 / 폐기, 대출, 반납, 대출 / 반납 현황, 대출 / 반납 이력, 대출 / 반납 통계)로 구성되어 있다.

3. DB 테이블 정보

eLibrary 프로젝트에서 사용하는 DB 테이블에 대한 정보이며, 이미 실습환경에 해당 DB 테이블들은 생성되어 있다. 필요한 데이터 역시 저장된 상태이다.

도서정보

Name	Type	Length	PK	Nullable
도서번호	VARCHAR	50	Y	
도서명	VARCHAR	50		
저자	VARCHAR	30		Y
도서분류	VARCHAR	2		
주제어	VARCHAR	30		Y

도서카피정보

Name	Type	Length	PK	Nullable
도서번호	VARCHAR	50	Y	
일련번호	INT	11	Y	
등록일자	VARCHAR	8		Y
도서상태	VARCHAR	2		Y

코드관리정보

Name	Type	Length	PK	Nullable
코드분류	VARCHAR	2		
코드	VARCHAR	2		
코드명	VARCHAR	50		

도서대출이력정보

Name	Type	Length	PK	Nullable
도서번호	VARCHAR	50		
일련번호	INT	11		
대출반납일자	TIMESTAMP			
대출반납구분	VARCHAR	2		

▲ 그림 8-3 eLibrary DB 테이블 정보

도서정보

도서번호	도서명	저자	도서분류	주제어
0a9555d3-b2d7-11eb-a414-005056820605	역사란 무엇인가	E. H. 카	90	역사
12762864-b2e7-11eb-a414-005056820605	부의 미래	앨빈 토플러	30	미래 경제
268e0410-b2e7-11eb-a414-005056820605	실용예제로 배우는 웹표준	댄 시더홈	50	웹 표준
40fe1d8d-b2e7-11eb-a414-005056820605	어린왕자	생텍쥐페리	80	(NULL)
565ed744-b2e7-11eb-a414-005056820605	무소유	법정	80	집착 소유
6812bfc9-b2e7-11eb-305056820605	윤지마 나 영어책이야	문학	70	영어
79f4cd87-b2e7-11eb-a414-005056820605	미래 쇼크	앨빈 토플러	30	미래 경제 변화
db9504fe-b2e6-11eb-a414-005056820605	제3의 물결	앨빈 토플러	30	미래
fb50ff1a-b2e6-11eb-a414-005056820605	시민을 위한 증권투자 이야기	증권선물거래소	30	증권

코드관리정보

코드분류	코드	코드명
00	00	11
00	01	도서분류
00	02	도서상태
00	03	대출반납구분
01	00	종류
01	10	철학
01	20	종교
01	30	사회과학
01	40	순수과학
01	50	기술과학
01	60	예술
01	70	수학
01	80	문학
01	90	역사
01	@@	도서분류
02	01	대출가능
02	@@	도서상태
03	00	대출
03	01	반납
03	@@	대출반납구분

도서카피정보

도서번호	일련번호	등록일자	도서상태
0a9555d3-b2d7-11eb-a414-005016820605	1	20210512	00
0a9555d3-b2d7-11eb-a414-005056820605	2	20210512	00
0a9555d3-b2d7-11eb-a414-005056820605	3	20210512	00
12762864-b2e7-11eb-a414-005056820605	1	20210512	00
12762864-b2e7-11eb-a414-005056820605	2	20210512	00
268e0410-b2e7-11eb-a414-005056820605	1	20210512	00
268e0410-b2e7-11eb-a414-005056820605	2	20210512	00
268e0410-b2e7-11eb-a414-005056820605	3	20210512	00
40fe1d8d-b2e7-11eb-a414-005056820605	1	20210512	00
40fe1d8d-b2e7-11eb-a414-005056820605	2	20210512	00
565ed744-b2e7-11eb-a414-005056820605	1	20210512	00
565ed744-b2e7-11eb-a414-005056820605	2	20210512	00
565ed744-b2e7-11eb-a414-005056820605	3	20210512	00
6812bfc9-b2e7-11eb-a414-005056820605	1	20210512	00
6812bfc9-b2e7-11eb-a414-005056820605	2	20210512	00
79f4cd87-b2e7-11eb-a414-005056820605	1	20210512	00
79f4cd87-b2e7-11eb-a414-005056820605	2	20210512	00
79f4cd87-b2e7-11eb-a414-005056820605	3	20210512	00
db9504fe-b2e6-11eb-a414-005056820605	1	20210512	00
db9504fe-b2e6-11eb-a414-005056820605	2	20210512	00
fb50ff1a-b2e6-11eb-a414-005056820605	1	20210512	00
fb50ff1a-b2e6-11eb-a414-005056820605	2	20210512	00
fb50ff1a-b2e6-11eb-a414-005056820605	3	20210512	00

도서대출이력정보

도서번호	일련번호	대출반납일자	대출반납구분
0a9555d3-b2d7-11eb-a414-005056820605	3	2021-05-12 14:10:42	00
0a9555d3-b2d7-11eb-a414-005056820605	3	2021-05-12 14:15:06	01

▲ 그림 8-4 eLibrary DB 데이터 예

SECTION 02 도서관리 구현

1. 도서 수정 / 폐기

도서번호 도서를 조회하여 정보를 수정하고 저장하거나 도서를 폐기처리 하는 화면이다. 화면 로딩 시 **도서분류코드조회** 서비스를 호출하고, 조회버튼 클릭 시 **도서조회** 서비스를 호출한다. 수정 혹은 폐기 버튼을 클릭 시 **도서수정**이나 **도서폐기** 서비스를 호출한다.

▲ 그림 8-5 도서 수정 / 폐기 Web UI

화면에서 필요한 **도서분류코드조회** 서비스와 **도서조회** 서비스는 구현되어 제공되며, **도서수정** 서비스와 **도서폐기** 서비스를 구현해야 한다.

도서수정 서비스의 Input / Output Data 정보는 다음의 [표 8−1]을 참고하면 된다.

▌표 8-1 도서수정 서비스의 Input / Output Data

Input Data

DataTable Name	DataColumn Name	DataColumn Type
도서수정정보	도서번호	String
	도서명	String
	저자	String
	도서분류	String
	주제어	String

Output Data

DataTable Name	DataColumn Name	DataColumn Type
없음		

BizActor Studio에서 **도서수정** 서비스를 열면 아래 [그림 8-6]과 같이 기본
적인 구조만 구현되어 있다.

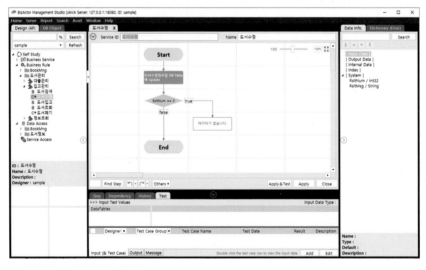

▲ 그림 8-6 도서수정 서비스

① 해당 서비스의 흐름은 입력 받은 정보로 DB의 도서정보 테이블에 해당 데이터를 변경한다.

② Input Data로 정의된 정보 기준으로 Data Info Tab의 [Input Data]에 도서수정정보 DataTable을 등록한다.

(1) 도서수정정보를 DB Table에 Update Step 구현

① 도서수정정보를 DB 테이블에 Update하기 위해서 DA 서비스를 생성해야 한다. Data Access Layer > 도서정보 > 도서마스터정보 Component에 **도서마스터정보수정** 서비스를 생성한다(Wizard 방식으로 CURD에서 Update를 선택한다). Column에서 도서번호는 체크해제를 하고, Condition에서 Column을 도서번호로 선택한다. 생성 후에는 반드시 서비스 상태를 'C'에서 'A'로 변경해야 한다.

② 새로 생성한 **도서마스터정보수정** 서비스를 드래그하여 도서수정정보를 DB Table에 Update Step에 드롭한다. 해당 Step은 Call Step으로 변경된다.

③ Call Step의 Input Tab에 있는 Assigned DataTable Column에 Data Info Tab의 [Input Data]에 있는 도서수정정보를 드래그앤드롭하거나 더블클릭하여 맵핑한다.

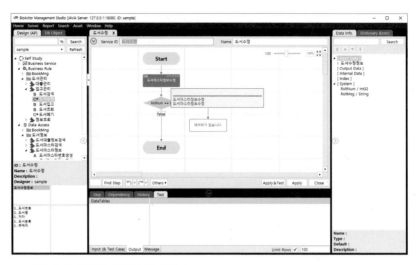

▲ 그림 8-7 완성된 도서수정 서비스

(2) 도서수정 서비스 테스트

① 도서수정 서비스의 하단 Test Tab에서 다음과 같이 입력값을 입력하고 Apply & Test 버튼을 클릭한다.

▲ 그림 8-8 테스트용 Input 데이터

② Test Tab의 하단 Tab이 Output(정상) 혹은 Message(에러)로 변경된다. 에러 발생 시 Message 내의 내용 전체를 화면 캡쳐하여 문의 게시판에 등록한다.

③ 정상 등록된 데이터 확인을 위해서 BizActor Studio의 왼쪽 Design(AP) Tab에서 Business Rule > 도서관리 > 입고관리 > **도서검색** 서비스를 선택하고 우클릭한다.

④ 메뉴 중에서 Test를 선택하고, 팝업된 Test창에서 도서검색조건의 도서명
에 "제3의 물결 #2"를 입력하고 Request 버튼을 클릭한다.

▲ 그림 8-9 도서검색 서비스를 이용한 실행 확인

⑤ 화면 UI와의 연동을 위하여 해당 서비스의 상태를 'C'에서 'A', 'A'에서 'S'
로 변경해야 한다.

도서폐기 서비스의 Input / Output Data 정보는 아래의 [표 8-2]를 참고하면
된다.

┃표 8-2 도서폐기 서비스의 Input / Output Data

Input Data		
DataTable Name	DataColumn Name	DataColumn Type
도서폐기조건	도서번호	String

Output Data		
DataTable Name	DataColumn Name	DataColumn Type
없음		

BizActor Studio에서 **도서폐기** 서비스를 열면 아래 [그림 8-10]과 같이 기본적인 구조만 구현되어 있다.

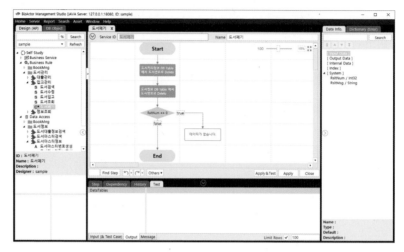

▲ 그림 8-10 도서폐기 서비스

① 해당 서비스의 흐름은 입력 받은 정보로 DB의 도서 카피 정보 테이블에서 해당 데이터를 삭제한다.

② DB의 도서정보 테이블에서 해당 데이터도 삭제한다.

③ Input Data로 정의된 정보 기준으로 Data Info Tab의 [Input Data]에 도서폐기조건 DataTable을 등록한다.

(3) 도서 카피 정보 DB Table에서 도서번호로 Delete Step 구현

① 도서 카피 정보 DB 테이블에서 도서번호로 Delete하기 위해서 DA 서비스를 생성해야 한다. Data Access Layer > 도서정보 > 도서마스터정보 Component에 **도서 카피 정보삭제** 서비스를 생성한다(Wizard 방식으로 CURD에서 Delete를 선택한다). Condition에서 Column을 도서번호로 선택한다. 생성 후에는 반드시 서비스 상태를 'C'에서 'A'로 변경해야 한다.

② 새로 생성한 **도서 카피 정보삭제** 서비스를 드래그하여 도서 카피 정보 DB Table에서 도서번호로 Delete Step에 드롭한다. 해당 Step은 Call Step으

로 변경된다.

③ Call Step의 Input Tab에 있는 Assigned DataTable Column에 Data Info Tab의 [Input Data]에 있는 도서폐기조건을 드래그앤드롭하거나 더블클릭하여 맵핑한다.

(4) 도서정보 DB Table에서 도서번호로 Delete Step 구현

① 도서정보 DB 테이블에서 도서번호로 Delete 하기 위해서 DA 서비스를 생성해야 한다. Data Access Layer > 도서정보 > 도서마스터정보 Component에 **도서마스터정보삭제** 서비스를 생성한다(Wizard 방식으로 CURD에서 Delete를 선택한다). Condition에서 Column을 도서번호로 선택한다. 생성 후에는 반드시 서비스 상태를 'C'에서 'A'로 변경해야 한다.

② 새로 생성한 **도서마스터정보삭제** 서비스를 드래그하여 도서정보 DB Table에서 도서번호로 Delete Step에 드롭한다. 해당 Step은 Call Step으로 변경된다.

③ Call Step의 Input Tab에 있는 Assigned DataTable Column에 Data Info Tab의 [Input Data]에 있는 도서폐기조건을 드래그앤드롭하거나 더블클릭하여 맵핑한다.

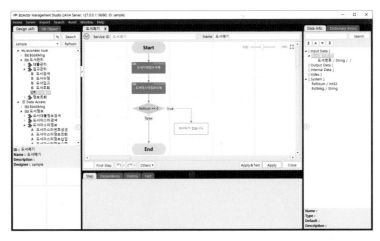

▲ 그림 8-11 완성된 도서폐기 서비스

(5) 도서폐기 서비스 테스트

① 도서폐기 서비스의 하단 Test Tab에서 다음과 같이 입력값을 입력하고 Apply & Test 버튼을 클릭한다.

▲ 그림 8-12 테스트용 Input 데이터

② Test Tab의 하단 Tab이 Output(정상) 혹은 Message(에러)로 변경된다. 에러 발생 시 Message 내의 내용 전체를 화면 캡처하여 문의 게시판에 등록한다.

③ 정상 등록된 데이터 확인을 위해서 BizActor Studio의 왼쪽 Design(AP) Tab에서 Business Rule > 도서관리 > 입고관리 > **도서검색** 서비스를 선택하고 우클릭한다.

④ 메뉴 중에서 Test를 선택하고, 팝업된 Test창에서 도서검색조건의 도서명에 "제3의 물결 #2"를 입력하고 Request 버튼을 클릭한다.

▲ 그림 8-13 도서검색 서비스를 이용한 실행 확인

⑤ 화면 UI와의 연동을 위하여 해당 서비스의 상태를 'C'에서 'A', 'A'에서 'S'
로 변경해야 한다.

도서 수정 / 폐기 Web UI 화면은 eLibrary\html\도서관리\도서수정폐기.html
이 해당 소스이며, 화면 로딩 시 도서분류 콤보 박스의 데이터 처리는 function
bookClassCode()에서 구현되어 있으며, 조회버튼 클릭 시 데이터 처리는
function retrieveBook(bookId)에서 구현되어 있고, 수정버튼 클릭 시 데이터 처
리는 function updateBook()에서 구현되어 있고, 폐기버튼 클릭 시 데이터 처리
는 function removeBook()에서 구현되어 있다.

```
function retrieveBook(bookId) {
    /*
     * DevOn BizActor API 호출
     * - API 호출 URL 설정
     * - API Input/Output 정의
     * - API Input 값 설정
     */
    var apiUrl = "http://localhost:18080/bizarest";
    var searchData = '{"actID" : "도서조회","inDTName" : "도서조회조건","outDTName" : "도서결과조회","refDS" : {"도서조회조건" : [{"도서번호": ""}]}}';
    var SearchDataJson = JSON.parse(searchData);

    if (bookId) {
        SearchDataJson.refDS.도서조회조건[0].도서번호 = bookId;
    } else {
        SearchDataJson.refDS.도서조회조건[0].도서번호 = document.getElementById("도서번호").value;
    }

    var xhr = new XMLHttpRequest();
    xhr.onreadystatechange = function () {
```

▲ 그림 8-14 도서수정폐기.html내의 function retrieveBook

```
function updateBook() {
    /*
     * DevOn BizActor API 호출
     * - API 호출 URL 설정
     * - API Input/Output 정의
     * - API Input 값 설정
     */
    var apiUrl = "http://localhost:18080/bizarest";
    var bookData = '{"actID" : "도서수정","inDTName" : "도서수정정보","outDTName" : "","refDS" : {"도서수정정보" : [{ "도서번호": "", "도서명": "" ,"저자": "" ,"도서분류": "", "주제어": ""}]}}';
    var bookDataJson = JSON.parse(bookData);

    var selector = document.getElementById("도서분류");
    let bookCodeName = selector.options[selector.selectedIndex].text;
    let bookCode = selector.options[selector.selectedIndex].value;

    bookDataJson.refDS.도서수정정보[0].도서번호 = document.getElementById("도서번호").value;
    bookDataJson.refDS.도서수정정보[0].도서명 = document.getElementById("도서명").value;
    bookDataJson.refDS.도서수정정보[0].저자 = document.getElementById("저자").value;
    bookDataJson.refDS.도서수정정보[0].도서분류 = bookCode;
    bookDataJson.refDS.도서수정정보[0].주제어 = document.getElementById("주제어").value;

    var xhr = new XMLHttpRequest();
    xhr.onreadystatechange = function () {
```

▲ 그림 8-15 도서수정폐기.html내의 function updateBook

```
function removingBook() {
    /*
     * DevOn BizActor API 호출
     * - API 호출 URL 설정
     * - API Input/Output 정의
     * - API Input 값 설정
     */
    var apiUrl = "http://localhost:18080/bizarest";
    var bookData = '{"actID" : "도서폐기","inDTName" : "도서폐기조건","outDTName" : "","refDS" : {"도서폐기조건" : [{"도서번호": ""}]}}';
    var bookDataJson = JSON.parse(bookData);

    bookDataJson.refDS.도서폐기조건[0].도서번호 = document.getElementById("도서번호").value;

    var xhr = new XMLHttpRequest();
    xhr.onreadystatechange = function () {
```

▲ 그림 8-16 도서수정폐기.html내의 function removeBook

　　화면 연동 테스트를 위해서 도서조회 화면에서 조회버튼을 눌러 도서정보를 조회한 후, 도서명이 Test 2인 도서를 선택하고 하단의 도서수정/폐기버튼을 클릭한다.

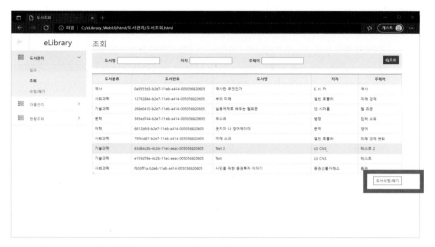

▲ 그림 8-17 도서조회 화면에서 데이터 선택

도서 수정 / 폐기 화면에서 도서명을 "Test 3"으로 변경하고 수정버튼을 클릭한다.

▲ 그림 8-18 도서수정 / 폐기 화면에서 데이터 변경

정상적으로 처리되면 아래의 [그림 8-19]와 같이 알림창이 뜬다.

▲ 그림 8-19 도서수정 정상 처리

다시 도서조회 화면에서 조회버튼을 눌러 도서명이 Test 3인 도서를 선택하고 하단의 도서수정 / 폐기버튼을 클릭한다.

▲ 그림 8-20 도서조회 화면에서 데이터 변경 확인 및 선택

도서 수정 / 폐기 화면에서 폐기버튼을 클릭한다.

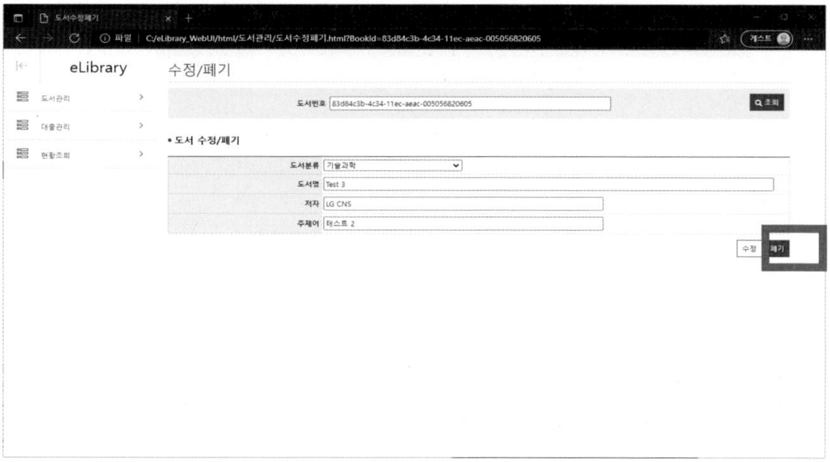

▲ 그림 8-21 도서수정 / 폐기 화면

정상적으로 처리되면 아래의 [그림 8-22]와 같이 알림창이 뜬다.

▲ 그림 8-22 도서폐기 정상 처리

다시 도서조회 화면에서 조회버튼을 눌려 폐기한 도서가 있는 지 확인한다.

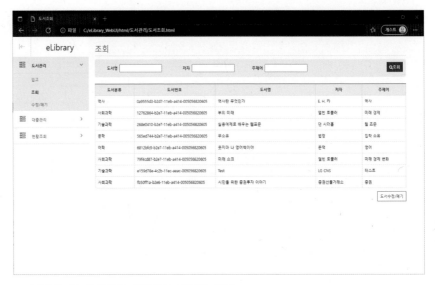

▲ 그림 8-23 도서조회 화면에서 데이터 확인

**SECTION
03**

대출관리 구현

1. 도서 대출

도서번호로 도서정보를 조회하여, 해당 도서의 대출가능 도서를 조회하고 선택한 도서를 대출처리하는 화면이다. 화면 로딩 시 **도서분류코드조회** 서비스를 호출하고, 조회버튼 클릭 시 **도서조회** 서비스를 호출한다. 조회결과 로딩 시 **대출가능도서카피조회** 서비스를 호출하고, 대출 버튼을 클릭 시 **도서 대출** 서비스를 호출한다.

▲ 그림 8-24 도서 대출 Web UI

화면에서 필요한 **도서분류코드조회** 서비스와 **도서조회** 서비스는 구현되어 제공되며, **대출가능도서카피조회** 서비스와 **도서 대출** 서비스를 구현해야 한다.

대출가능도서카피조회 서비스의 Input / Output Data 정보는 아래의 [표 8-3]을 참고하면 된다.

▎표 8-3 대출가능도서카피조회 서비스의 Input / Output Data

Input Data		
DataTable Name	DataColumn Name	DataColumn Type
대출가능도서카피조회 조건	도서번호	String

Output Data		
DataTable Name	DataColumn Name	DataColumn Type
대출가능도서카피조회 결과	도서번호	String
	일련번호	Int32
	등록일자	String
	도서상태	String

BizActor Studio에서 **대출가능도서카피조회** 서비스를 열면 아래 [그림 8-25]와 같이 기본적인 구조만 구현되어 있다.

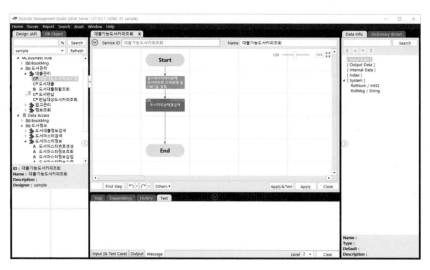

▲ 그림 8-25 대출가능도서카피조회 서비스

① 해당 서비스의 흐름은 입력 받은 정보에 추가적으로 정보를 더 추가하여 관련 정보를 조회한다.

② 도서상태는 "00"이면 대출 가능이고 "01"이면 대출 중이다.

③ Input Data로 정의된 정보 기준으로 Data Info Tab의 [Input Data]에 대출가능도서카피조회조건 DataTable을 등록한다.

④ Output Data로 정의된 정보 기준으로 Data Info Tab의 [Output Data]에 대출가능도서카피조회결과 DataTable을 등록한다.

(1) 임시데이터테이블에 도서번호와 도서상태값 설정 Step 구현

① 임시대출가능도서카피조회조건을 담을 DataTable을 Data Info Tab의 [Internal Data]에 아래의 DataTable을 추가한다.

DataTable Name	DataColumn Name	DataColumn Type
임시대출가능도서카피 조회조건	도서번호	String
	도서상태	String

② Data Info Tab의 [Internal Data]에 있는 임시대출가능도서카피조회조건을 드래그하여 임시데이터테이블에 도서번호와 도서상태값 설정 Step에 드롭한다. 해당 Step은 Substitution Step으로 변경된다.

③ 아래 Step Tab에서 도서번호를 선택하고 하단의 Assigned Value 편집창에 Data Info Tab의 [Input Data]에 있는 임시대출가능도서카피조회조건의 도서번호를 드래그앤드롭하거나 더블클릭하여 맵핑한다.

④ 다음 도서상태를 선택하고 하단의 Assigned Value 편집창에서 우측 상단의 [Const]버튼을 클릭한 후 입력창에 "00"를 입력한다.

▲ 그림 8-26 Substitution Step 설정

(2) 도서카피상태별검색 서비스 Call Step 구현

① 아래 Step Tab의 Input Tab에 있는 Assigned DataTable Column에 Data Info Tab의 [Input Data]에 있는 임시대출가능도서카피조회조건을 드래그앤드롭하거나 더블클릭하여 맵핑한다.

② Output Tab에 있는 Assigned DataTable Column에 Data Info Tab의 [Output Data]에 있는 대출가능도서카피조회결과를 드래그앤드롭하거나 더블클릭하여 맵핑한다.

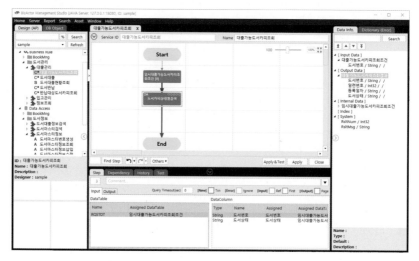

▲ 그림 8-27 완성된 대출가능도서카피조회 서비스

(3) 대출가능도서카피조회 서비스 테스트

① **대출가능도서카피조회** 서비스의 하단 Test Tab에서 다음과 같이 입력값을 입력하고 Apply & Test 버튼을 클릭한다.

▲ 그림 8-28 테스트용 Input 데이터

② Test Tab의 하단 Tab이 Output(정상) 혹은 Message(에러)로 변경된다. 에러 발생 시 Message 내의 내용 전체를 화면 캡쳐하여 문의 게시판에 등록한다.

▲ 그림 8-29 테스트 정상 결과

③ 화면 UI와의 연동을 위하여 해당 서비스의 상태를 'C'에서 'A', 'A'에서 'S'로 변경해야 한다.

도서 대출 서비스의 Input / Output Data 정보는 아래의 [표 8-4]를 참고하면 된다.

┃표 8-4 도서 대출 서비스의 Input / Output Data

Input Data		
DataTable Name	DataColumn Name	DataColumn Type
도서 대출 정보	도서번호	String
	일련번호	Int32

Output Data		
DataTable Name	DataColumn Name	DataColumn Type
없음		

BizActor Studio에서 **도서 대출** 서비스를 열면 아래 그림과 같이 기본적인 구조만 구현되어 있다.

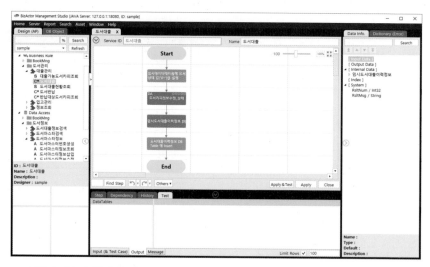

▲ 그림 8-30 도서폐기 서비스

① 해당 서비스의 흐름은 입력 받은 정보에 추가적으로 정보를 더 추가하여 DB의 도서 카피 정보 테이블에 해당 정보로 데이터를 변경한다.

② 도서상태는 "00"이면 대출 가능이고 "01"이면 대출 중이다.

③ 추가정보를 생성하여 DB의 도서대출이력정보에 해당 정보로 데이터를 저장한다.

④ Input Data로 정의된 정보 기준으로 Data Info Tab의 [Input Data]에 도서대출정보 DataTable을 등록한다.

(4) 임시도서상태정보 설정 Step 구현

① 임시도서상태정보를 담을 DataTable을 Data Info Tab의 [Internal Data]에 아래의 DataTable을 추가한다.

DataTable Name	DataColumn Name	DataColumn Type
임시도서상태정보	도서상태	String

② Data Info Tab의 [Internal Data]에 있는 임시도서상태정보를 드래그하여 임시도서상태정보 설정 Step에 드롭한다. 해당 Step은 Substitution Step 으로 변경된다.

③ 아래 Step Tab에서 도서상태를 선택하고 하단의 Assigned Value 편집창에서 우측 상단의 [Const]버튼을 클릭한 후 입력창에 "01"을 입력한다.

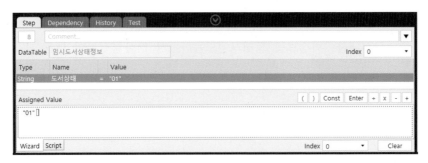

▲ 그림 8-31 Substitution Step 설정

(5) 도서 카피 정보수정_상태 서비스 Call Step 구현

① 아래 Step Tab의 Input Tab에 있는 Assigned DataTable Column에 Data Info Tab의 [Input Data]에 있는 도서대출정보를 드래그앤드롭하거나 더블클릭하여 맵핑한다.

② 추가적으로 DataColumn의 도서상태의 Assigned에 Data Info Tab의 [Internal Data]에 있는 임시도서상태정보의 도서상태를 드래그앤드롭하거나 더블클릭하여 맵핑한다.

(6) 도서대출이력정보 DB Table에 Insert Step 구현

① 도서대출이력정보 DB 테이블에서 해당정보를 Insert하기 위해서 먼저 DA Component를 생성해야 한다. Data Access Layer > 도서정보 Group에 도서대출이력정보 Component를 생성한다(Component ID는 도서대출이력정보, One Table / View Component로 생성한다. DB의 테이블은 도서대출이력정보로 선택한다).

② 생성한 도서대출이력정보 Component에 **도서대출이력삽입** 서비스를 생성한다(Wizard 방식으로 CURD에서 Insert를 선택한다). 생성 후에는 반드시 서비스 상태를 'C'에서 'A'로 변경해야 한다.

③ 새로 생성한 **도서대출이력삽입** 서비스를 드래그하여 도서대출이력정보 DB Table에서 Insert Step에 드롭한다. 해당 Step은 Call Step으로 변경된다.

④ Call Step의 Input Tab에 있는 Assigned DataTable Column에 Data Info Tab의 [Input Data]에 있는 도서대출정보, [Internal Data]에 있는 임시도서대출이력정보를 드래그앤드롭하거나 더블클릭하여 맵핑한다.

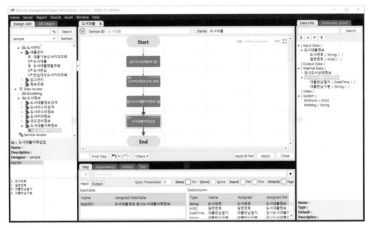

▲ 그림 8-32 완성된 도서 대출 서비스

(7) 도서 대출 서비스 테스트

① 도서 대출 서비스의 하단 Test Tab에서 다음과 같이 입력값을 입력하고 Apply & Test 버튼을 클릭한다.

▲ 그림 8-33 테스트용 Input 데이터

② Test Tab의 하단 Tab이 Output(정상) 혹은 Message(에러)로 변경된다. 에러 발생 시 Message 내의 내용 전체를 화면 캡쳐하여 문의 게시판에 등록한다.

③ 정상 등록된 데이터 확인을 위해서 BizActor Studio의 왼쪽 Design(AP) Tab에서 Business Rule > 도서관리 > 대출관리 > **도서 대출 현황조회** 서비스를 선택하고 우클릭한다.

④ 메뉴 중에서 Test를 선택하고, 팝업된 Test창에서 Request 버튼을 클릭한다.

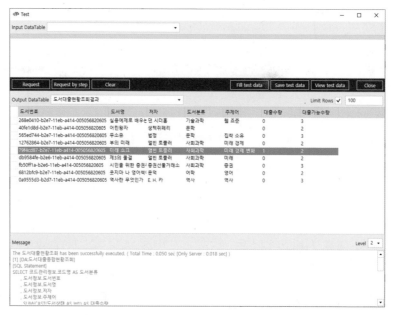

▲ 그림 8-34 도서 대출 현황조회 서비스를 이용한 실행 확인

⑤ 화면 UI와의 연동을 위하여 해당 서비스의 상태를 'C'에서 'A', 'A'에서 'S'로 변경해야 한다.

2. 도서 반납

도서번호로 도서정보를 조회하여, 해당 도서의 반납대상 도서를 조회하고 선택한 도서를 반납처리하는 화면이다. 화면 로딩 시 **도서분류코드조회** 서비스를 호출하고, 조회버튼 클릭 시 **도서조회** 서비스를 호출한다. 조회결과 로딩 시 **반납대상도서카피조회** 서비스를 호출하고, 반납버튼을 클릭 시 **도서 반납** 서비스를 호출한다.

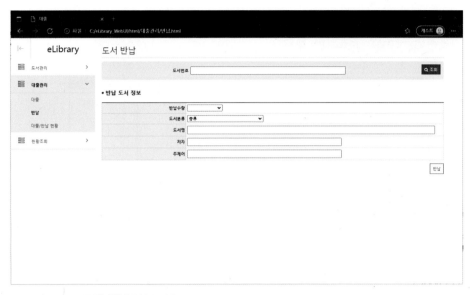

▲ 그림 8-35 도서 반납 Web UI

화면에서 필요한 **도서분류코드조회** 서비스와 **도서조회** 서비스는 구현되어 제공되며, **반납대상도서카피조회** 서비스와 **도서 반납** 서비스를 구현해야 한다.

반납대상도서카피조회 서비스의 Input / Output Data 정보는 아래의 [표 8-5]를 참고하면 된다.

▌표 8-5 반납대상도서카피조회 서비스의 Input / Output Data

Input Data		
DataTable Name	DataColumn Name	DataColumn Type
반납대상도서카피조회 조건	도서번호	String

Output Data		
DataTable Name	DataColumn Name	DataColumn Type
반납대상도서카피조회 결과	도서번호	String
	일련번호	Int32
	등록일자	String
	도서상태	String

BizActor Studio에서 **반납대상도서카피조회** 서비스를 열면 아래 그림과 같이 기본적인 구조만 구현되어 있다.

▲ 그림 8-36 반납대상도서카피조회 서비스

① 해당 서비스의 흐름은 입력 받은 정보에 추가적으로 정보를 더 추가하여 관련 정보를 조회한다.

② 도서상태는 "00"이면 대출 가능이고 "01"이면 대출 중이다.

③ Input Data로 정의된 정보 기준으로 Data Info Tab의 [Input Data]에 반납대상도서카피조회조건 DataTable을 등록한다.

④ Output Data로 정의된 정보 기준으로 Data Info Tab의 [Output Data]에 반납대상도서카피조회결과 DataTable을 등록한다.

(1) 임시반납대상도서카피조회조건 설정 Step 구현

① 임시반납대상도서카피조회조건을 담을 DataTable을 Data Info Tab의 [Internal Data]에 아래의 DataTable을 추가한다.

DataTable Name	DataColumn Name	DataColumn Type
임시반납대상도서카피 조회조건	도서번호	String
	도서상태	String

② Data Info Tab의 [Internal Data]에 있는 임시반납대상도서카피조회조건을 드래그하여 임시데이터테이블에 도서번호와 도서상태값 설정 Step에 드롭한다. 해당 Step은 Substitution Step으로 변경된다.

③ 아래 Step Tab에서 도서번호를 선택하고 하단의 Assigned Value 편집창에 Data Info Tab의 [Input Data]에 있는 임시반납대상도서카피조회조건의 도서번호를 드래그앤드롭하거나 더블클릭하여 맵핑한다.

④ 다음 도서상태를 선택하고 하단의 Assigned Value 편집창에서 우측 상단의 [Const]버튼을 클릭한 후 입력창에 "01"를 입력한다.

▲ 그림 8-37 Substitution Step 설정

(2) 도서카피상태별검색 서비스 Call Step 구현

① 아래 Step Tab의 Input Tab에 있는 Assigned DataTable Column에 Data Info Tab의 [Input Data]에 있는 임시반납대상도서카피조회조건을 드래그앤드롭하거나 더블클릭하여 맵핑한다.

② Output Tab에 있는 Assigned DataTable Column에 Data Info Tab의 [Output Data]에 있는 반납대상도서카피조회결과를 드래그앤드롭하거나 더블클릭하여 맵핑한다.

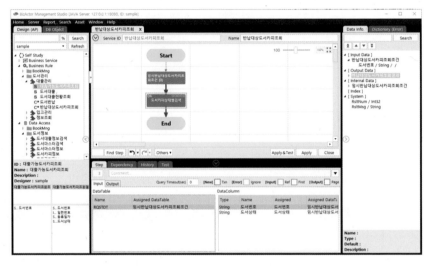

▲ 그림 8-38 완성된 반납대상도서카피조회 서비스

(3) 반납대상도서카피조회 서비스 테스트

① **반납대상도서카피조회** 서비스의 하단 Test Tab에서 다음과 같이 입력값을 입력하고 Apply & Test 버튼을 클릭한다.

▲ 그림 8-39 테스트용 Input 데이터

② Test Tab의 하단 Tab이 Output(정상) 혹은 Message(에러)로 변경된다. 에러 발생 시 Message 내의 내용 전체를 화면 캡쳐하여 문의 게시판에 등록한다.

▲ 그림 8-40 테스트 정상 결과

③ 화면 UI와의 연동을 위하여 해당 서비스의 상태를 'C'에서 'A', 'A'에서 'S'로 변경해야 한다.

도서 반납 서비스의 Input / Output Data 정보는 아래의 [표 8-6]을 참고하면 된다.

▌표 8-6 도서 반납 서비스의 Input / Output Data

Input Data		
DataTable Name	DataColumn Name	DataColumn Type
도서 반납 정보	도서번호	String
	일련번호	Int32

Output Data		
DataTable Name	DataColumn Name	DataColumn Type
없음		

BizActor Studio에서 도서 반납 서비스를 열면 아래 [그림 8-41]과 같이 기본적인 구조만 구현되어 있다.

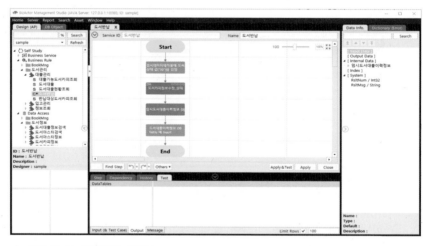

▲ 그림 8-41 도서폐기 서비스

① 해당 서비스의 흐름은 입력 받은 정보에 추가적으로 정보를 더 추가하여 DB의 도서 카피 정보 테이블에 해당 정보로 데이터를 변경한다.

② 도서상태는 "00"이면 대출 가능이고 "01"이면 대출 중이다.

③ 추가정보를 생성하여 DB의 도서대출이력정보에 해당 정보로 데이터를 저장한다.

④ Input Data로 정의된 정보 기준으로 Data Info Tab의 [Input Data]에 도서대출정보 DataTable을 등록한다.

(4) 임시도서상태정보 설정 Step 구현

① 임시도서상태정보를 담을 DataTable을 Data Info Tab의 [Internal Data]에 아래의 DataTable을 추가한다.

DataTable Name	DataColumn Name	DataColumn Type
임시도서상태정보	도서상태	String

② Data Info Tab의 [Internal Data]에 있는 임시도서상태정보를 드래그하여 임시도서상태정보 설정 Step에 드롭한다. 해당 Step은 Substitution Step 으로 변경된다.

③ 아래 Step Tab에서 도서상태를 선택하고 하단의 Assigned Value 편집창에서 우측 상단의 [Const]버튼을 클릭한 후 입력창에 "00"를 입력한다.

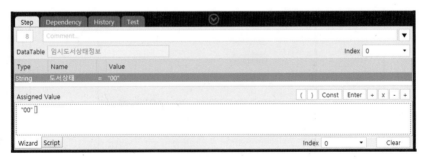

▲ 그림 8-42 Substitution Step 설정

(5) 도서 카피 정보수정_상태 서비스 Call Step 구현

① 아래 Step Tab의 Input Tab에 있는 Assigned DataTable Column에 Data Info Tab의 [Input Data]에 있는 도서 반납 정보를 드래그앤드롭하거나 더블클릭하여 맵핑한다.

② 추가적으로 DataColumn의 도서상태의 Assigned에 Data Info Tab의 [Internal Data]에 있는 임시도서상태정보의 도서상태를 드래그앤드롭하거나 더블클릭하여 맵핑한다.

(6) 도서대출이력정보 DB Table에 Insert Step 구현

① 도서대출이력정보 DB 테이블에서 해당정보를 Insert하기 위해서 Data Access Layer > 도서정보 > 도서대출이력정보 > **도서대출이력삽입** 서비스를 드래그하여 도서대출이력정보 DB Table에서 Insert Step에 드롭 한다. 해당 Step은 Call Step으로 변경된다.

② Call Step의 Input Tab에 있는 Assigned DataTable Column에ahfmrp Data Info Tab의 [Input Data]에 있는 도서 반납 정보, [Internal Data]에 있는 임시도서대출이력정보를 드래그앤드롭하거나 더블클릭하여 맵핑한다.

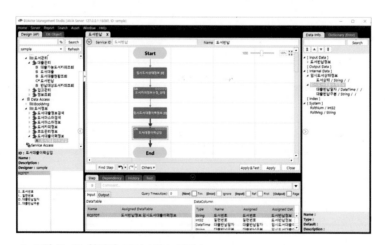

▲ 그림 8-43 완성된 도서 반납 서비스

(7) 도서 반납 서비스 테스트

① 도서 반납 서비스의 하단 Test Tab에서 다음과 같이 입력값을 입력하고 Apply & Test 버튼을 클릭한다.

▲ 그림 8-44 테스트용 Input 데이터

② Test Tab의 하단 Tab이 Output(정상) 혹은 Message(에러)로 변경된다. 에러 발생 시 Message 내의 내용 전체를 화면 캡쳐하여 문의 게시판에 등록한다.

③ 정상 등록된 데이터 확인을 위해서 BizActor Studio의 왼쪽 Design(AP) Tab에서 Business Rule > 도서관리 > 대출관리 > **도서 대출 현황조회** 서비스를 선택하고 우클릭한다.

④ 메뉴 중에서 Test를 선택하고, 팝업된 Test창에서 Request 버튼을 클릭한다.

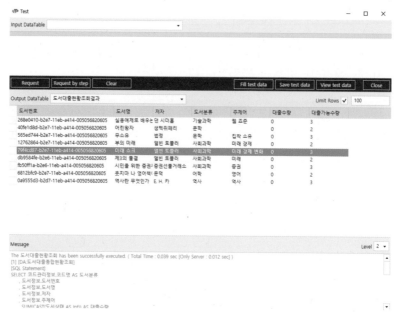

▲ 그림 8-45 도서 대출 현황조회 서비스를 이용한 실행 확인

⑤ 화면 UI와의 연동을 위하여 해당 서비스의 상태를 'C'에서 'A', 'A'에서 'S'
로 변경해야 한다.

도서 대출 Web UI 화면은 eLibrary\html\대출관리\대출.html이 해당 소스이
며, 화면 로딩 시 도서분류 콤보 박스의 데이터 처리는 function bookClass
Code()에서 구현되어 있으며, 조회버튼 클릭 시 데이터 처리는 function retrieve
Book(bookId)에서 구현되어 있고, 조회 후 도서 카피 정보조회의 데이터 처리는
function retrieveBookCopy(bookId)에서 구현되어 있고, 대출버튼 클릭 시 데이
터 처리는 function borrowBook()에서 구현되어 있다.

```
function retrieveBookCopy(bookId) {
    /*
     * DevOn BizActor API 호출
     *  - API 호출 URL 설정
     *  - API Input/Output 정의
     *  - API Input 값 설정
     */
    var apiUrl = "http://localhost:18080/bizarest";
    var bookCopy = '{"actID" : "대출가능도서카피조회","inDTName" : "대출가능도서카피조회조건","outDTName" : "대출가능도서카피조회결과","refDS" :
{"대출가능도서카피조회조건" : [{"도서번호": ""}]}}';
    var bookCopyJson = JSON.parse(bookCopy);

    if (bookId) {
        bookCopyJson.refDS.대출가능도서카피조회조건[0].도서번호 = bookId;
    } else {
        bookCopyJson.refDS.대출가능도서카피조회조건[0].도서번호 = document.getElementById("도서번호").value;
    }

    var xhr = new XMLHttpRequest();
    xhr.onreadystatechange = function () {
```

▲ 그림 8-46 대출.html내의 function retrieveBookCopy

```
function borrowBook() {
    /*
     * DevOn BizActor API 호출
     *  - API 호출 URL 설정
     *  - API Input/Output 정의
     *  - API Input 값 설정
     */
    var apiUrl = "http://localhost:18080/bizarest";
    var borrowBookData = '{"actID" : "도서대출","inDTName" : "도서대출정보","outDTName": "","refDS": {"도서대출정보": [{ "도서번호": "",
"일련번호": ""}]}}';
    var borrowBookDataJson = JSON.parse(borrowBookData);

    var selector = document.getElementById("대출수량");
    let bookCopyName = selector.options[selector.selectedIndex].text;
    let bookCopyNum = selector.options[selector.selectedIndex].value;

    borrowBookDataJson.refDS.도서대출정보[0].도서번호 = document.getElementById("도서번호").value;
    borrowBookDataJson.refDS.도서대출정보[0].일련번호 = bookCopyNum;

    var xhr = new XMLHttpRequest();
    xhr.onreadystatechange = function () {
```

▲ 그림 8-47 대출.html내의 function borrowBook

　　화면 연동 테스트를 위해서 도서 대출 / 반납 현황 화면에서 조회버튼을 눌러 도서정보를 조회한 후, 도서명이 어린왕자인 도서를 선택하고 하단의 대출버튼을 클릭한다.

▲ 그림 8-48 도서 대출 / 반납 현황 화면에서 데이터 선택

도서 대출 화면에서 대출도서를 2로 변경하고 대출버튼을 클릭한다.

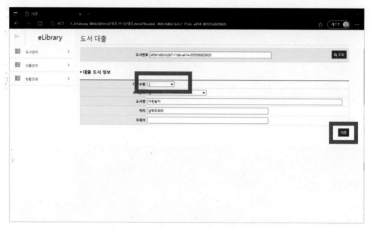

▲ 그림 8-49 도서 대출 화면에서 데이터 변경

정상적으로 처리되면 아래의 [그림 8 – 50]과 같이 알림창이 뜬다.

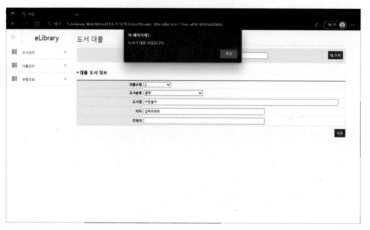

▲ 그림 8-50 도서 대출 정상 처리

다시 도서 대출 / 반납 현황 화면에서 조회버튼을 눌러 도서명이 어린왕자인
도서의 대출 현황을 확인하고 반납버튼을 클릭한다.

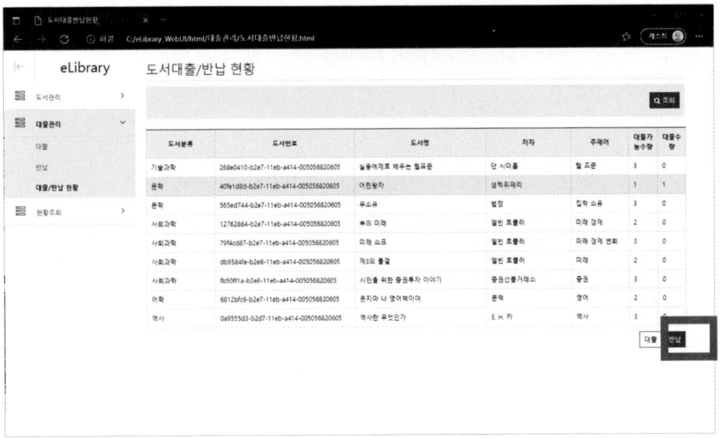

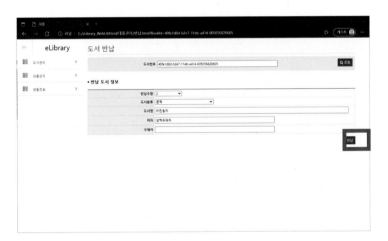

▲ 그림 8-51 도서 대출 / 반납 현황 화면에서 데이터 확인 및 선택

도서 반납 화면에서 반납버튼을 클릭한다.

▲ 그림 8-52 도서 반납 화면

정상적으로 처리되면 아래의 [그림 8-53]과 같이 알림창이 뜬다.

▲ 그림 8-53 도서 반납 정상 처리

다시 도서 대출 / 반납 현황 화면에서 조회버튼을 눌러 해당 도서의 대출 현황을 확인한다.

▲ 그림 8-54 도서 대출 / 반납 현황 화면에서 데이터 확인

3. 도서 대출 / 반납 현황

도서마다 현재 대출가능 수량과 대출 수량을 조회하는 화면이다. 조회버튼 클릭 시 **도서 대출 현황조회** 서비스를 호출한다.

▲ 그림 8-55 도서 대출 / 반납 현황 Web UI

도서 대출 현황조회 서비스는 단순 DB 조회 서비스이며 구현되어 제공된다.

현황조회 구현

1. 도서 대출 / 반납 이력

대출 / 반납이 이력이 있는 도서만 조회하는 화면이다. 화면 로딩 시 **도서대출반납코드조회** 서비스를 호출하고, 조회버튼 클릭 시 **도서대출이력조회** 서비스를 호출한다.

▲ 그림 8-56 도서 대출 / 반납 이력 Web UI

화면에서 필요한 **도서대출반납코드조회** 서비스와 **도서대출이력조회** 서비스는 구현되어 제공된다.

화면의 구분 콤보 박스는 도서대출반납코드조회 서비스를 호출하여 결과를 보여주지만, 현재 정상적으로 데이터를 가져오지 못한다.

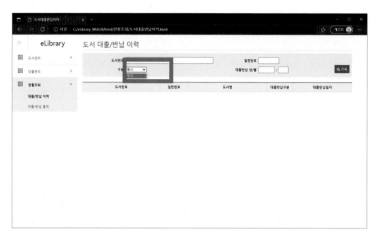

▲ 그림 8-57 비정상 상황

BizActor Studio로 해당 서비스인 Data Access Layer > 도서정보 > 코드관리정보 > **도서대출반납코드조회** 서비스를 열어보면 정상적으로 구현되어 있고, Apply & Test 버튼을 이용하여 테스트를 해보면 정상적으로 결과가 보여진다.

외부(Web UI)에서 호출하는 경우 BizActor Service는 'A' 상태가 아닌 'S' 상태여야 한다. 해당 서비스인 **도서대출반납코드조회** 서비스를 'S' 상태로 변경한다.

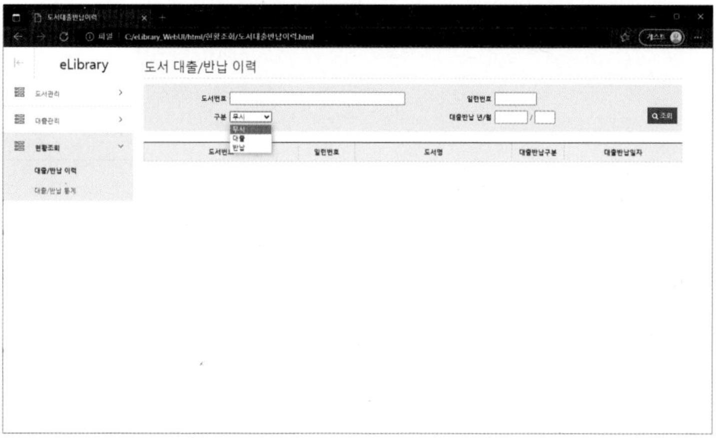

▲ 그림 8-58 구분 콤보 박스 정상 상황

2. 도서 대출 / 반납 통계

대출 / 반납 실적이 있는 도서만 조회하는 화면이다. 조회버튼 클릭 시 **도서대출실적조회** 서비스를 호출한다.

▲ 그림 8-59 도서 대출 / 반납 통계 Web UI

화면에서 필요한 **도서대출실적조회** 서비스는 구현되어 제공된다.

공저자 소개　▌

김종윤
(현) DevOn NCD 솔루션 유지 및 업그레이드, 기술지원팀
(전) 다수의 LG 계열사 및 외부 프로젝트 PM 및 기술리더로 참여

노승민
(현) 중앙대학교 산업보안학과 부교수
(전) Carnegie Mellon University, Postdoctoral Researcher(2008 ~ 2009)
IEEE Technical SubCommittee on Big Data, Founding Member(2012 ~ 현재)
Journal of Platform Technology, Editor-in-Chief(2013 ~ 2017, 2021 ~ 현재)

박상오
(현) 중앙대학교 소프트웨어학부 부교수
(전) 한국과학기술정보연구원 글로벌데이터허브센터 선임기술원

성정헌
(현) DevOn BizActor 개발 리더
DevOn BizActor 개발(2009 ~ 2011, 2015 ~ 현재)

오근정
(현) LG CNS 근무 / LG 계열사 프로젝트 응용시스템 구축
(전) LG 계열사 및 외북 프로젝트 PM 및 응용리더로 참여
DevOn NCD 솔루션 개발 이후 각 프로젝트에 대한 적용 및 확산 역할 수행

임명임
(현) 중앙대학교 교수
(전) 신영증권 리스크매니저
(전) 한국자산평가 선임연구원

장항배
(현) 중앙대학교 산업보안학과 교수
(현) 과학기술정보통신부 블록체인서비스연구센터(ITRC) 센터장

아직도 안 해봤니?
코딩없는 개발 DevOn NCD

초판발행	2022년 2월 28일
지은이	장항배 외 6인
펴낸이	안종만 · 안상준
편 집	장유나
기획/마케팅	박세기
표지디자인	BEN STORY
제 작	고철민 · 조영환
펴낸곳	(주)**박영사**
	서울특별시 금천구 가산디지털2로 53, 210호(가산동, 한라시그마밸리)
	등록 1959. 3. 11. 제300-1959-1호(倫)
전 화	02)733-6771
f a x	02)736-4818
e-mail	pys@pybook.co.kr
homepage	www.pybook.co.kr
ISBN	979-11-303-1492-1 03550

copyright©장항배 외 6인, 2022, Printed in Korea

정 가   18,000원